Klett

Sicher im Abi

10-Minuten-Training Oberstufe

Mathematik Integralrechnung

Mit kleinen Lernportionen erfolgreich im Abi!

Heike Homrighausen, Maximilian Selinka, Jörg Stark

Klett Lerntraining

Vorwort

Liebe Schülerin, lieber Schüler,

Sie möchten sich fit machen für Klausuren und Prüfungen, doch die Stofffülle „erschlägt" Sie?

Keine Panik! Gehen Sie einfach einen Schritt zurück und wiederholen Sie nicht gleich alles auf einmal. Teilen Sie sich stattdessen den Lernstoff in übersichtliche, kleine Portionen ein. Denn täglich in kleineren Einheiten zu lernen, ist erfolgreicher und bringt mehr als stundenlanges Büffeln.

Dieses 10-Minuten-Training unterstützt Sie dabei, grundlegende Schlüsselthemen Schritt für Schritt zu trainieren. Dadurch erwerben Sie eine solide Basis für Klausuren und Prüfungen und gewinnen Sicherheit und Selbstvertrauen.

Lernen in kleinen Portionen = Schritt für Schritt zum Erfolg!

Alles Gute für die Oberstufe und das Abitur!

Ihre Redaktion Klett Lerntraining

Inhaltsverzeichnis

1 Stammfunktionen und Integral

Stammfunktionen

Tipp

Was ist eine Stammfunktion?

Manchmal kennt man die Ableitung einer Funktion, die Funktion selbst aber nicht. Diese gesuchte Funktion nennt man Stammfunktion. Genauer gesagt heißt eine differenzierbare Funktion F **Stammfunktion** einer Funktion f, wenn die Ableitung der Stammfunktion die Funktion f ist, wenn also gilt:

$$F'(x) = f(x).$$

Die Bestimmung einer Stammfunktion nennt man auch **Integrieren**.

Da beim Ableiten das konstante Glied wegfällt, ist jede Funktion F mit $F(x) + c$ auch Stammfunktion einer Funktion f.
Das bedeutet: Besitzt eine Funktion f eine Stammfunktion, dann gibt es **unendlich viele Stammfunktionen**, die sich aber nur um einen konstanten Summanden c unterscheiden.

Mit Stammfunktion bezeichnet man in der Regel eine konkrete Stammfunktion $F(x)$, die Gesamtheit aller Stammfunktionen mit $F(x) + c$ wird auch als **unbestimmtes** Integral bezeichnet.

Stammfunktionen braucht man im Sachzusammenhang, um z. B.
- den Flächeninhalt unter Funktionsgraphen bestimmen zu können,
- aus der Änderungsrate den Bestand rekonstruieren zu können.

Zusammenhang zwischen f und F

Das Integrieren ist die Umkehrung des Ableitens.

Umgangssprachlich nennt man das Integrieren auch „**Aufleiten**“, in Anlehnung an das Ableiten.

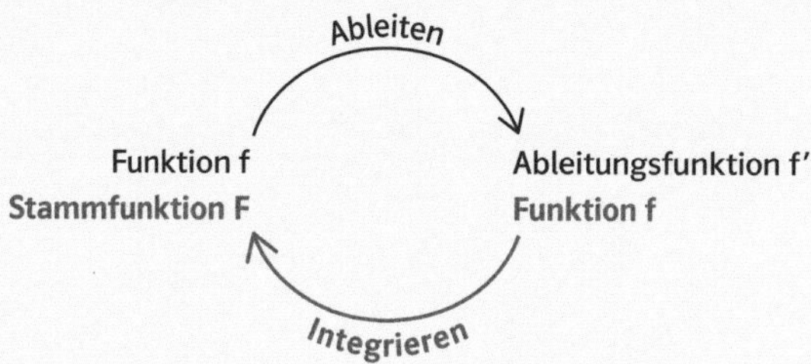

Wie bei der Ableitungsfunktion f' und der zugehörigen Funktion f gibt es also denselben Zusammenhang zwischen einer Funktion f und der zugehörigen Stammfunktion F.

Tipp

Es gilt:

F(x)	f(x)	
F ist streng monoton • steigend • fallend	$f(x) > 0$ $f(x) < 0$ Das Vorzeichen von f gibt also an, ob F monoton steigt (+) oder fällt (–).	
F hat eine Extremstelle	f hat eine Nullstelle mit Vorzeichenwechsel	
Der Graph von F hat einen Sattelpunkt	f hat eine doppelte Nullstelle	
F hat eine Wendestelle	f hat eine Extremstelle	

Beispiel: Den Graphen einer Stammfunktion skizzieren

Gegeben ist der Graph der Funktion f. Skizzieren Sie den Graphen der Funktion F, der durch den Punkt P(0 | 1) geht.

1. Markieren Sie mit Geraden parallel zur y-Achse die Stellen, an denen f eine Nullstelle bzw. Extremstelle hat. Dort hat F Extremstellen bzw. Wendestellen.
2. Markieren Sie die Bereiche, in denen der Graph von f ober- oder unterhalb der x-Achse verläuft, in denen F also monoton steigend oder fallend ist.
3. Markieren Sie den Punkt, durch den der Graph von F laufen muss. Beginnen Sie in diesem Punkt und skizzieren Sie von dort aus den Graphen von F. Beachten Sie dabei, dass Sie aus f die Steigung direkt ablesen können.

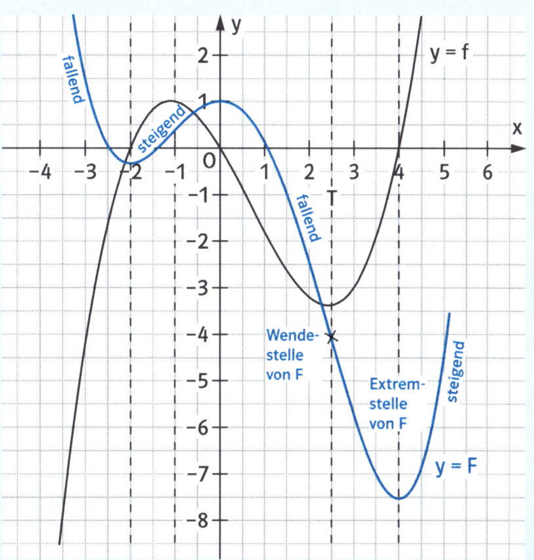

1 Gegeben ist der Graph einer Funktion f.
Skizzieren Sie den Graphen der Stammfunktion F durch den Punkt P(−3 | 0).

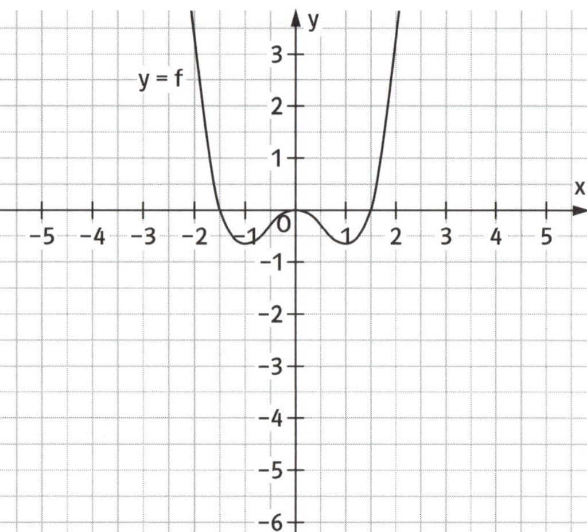

2 Gegeben ist der Graph einer Funktion f.
Skizzieren Sie den Graphen der Stammfunktion F durch den Punkt P(0 | 2).

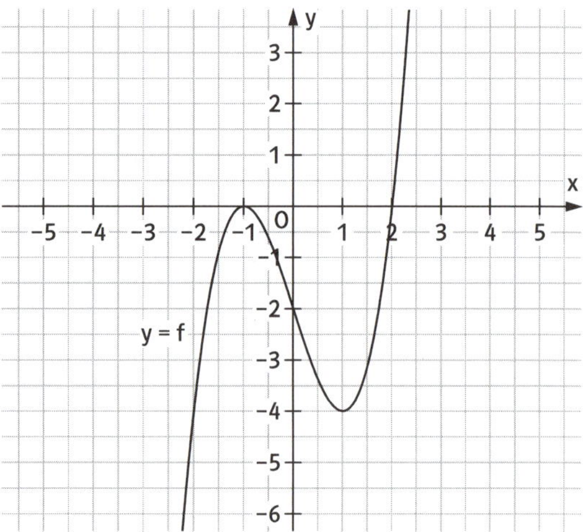

3 Die Abbildung zeigt die Graphen einer Funktion und einer zugehörigen Stammfunktion.
Entscheiden Sie, welcher der Graphen I und II die Stammfunktion darstellt.
Begründen Sie Ihre Entscheidung.

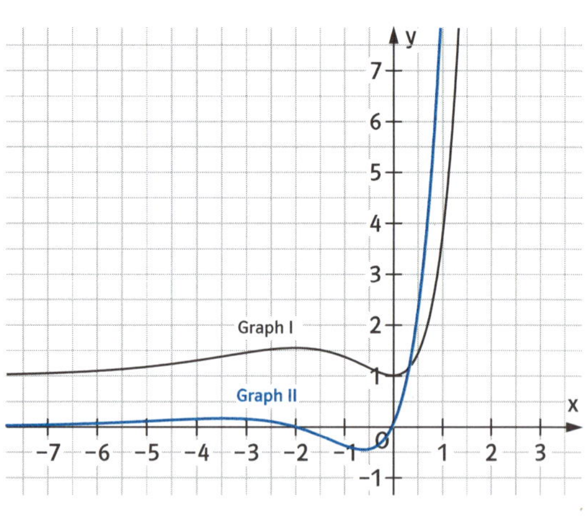

4 **Gegeben sind die Graphen einer Funktion f, ihrer Ableitungsfunktion f′ und ihrer Stammfunktion F.**

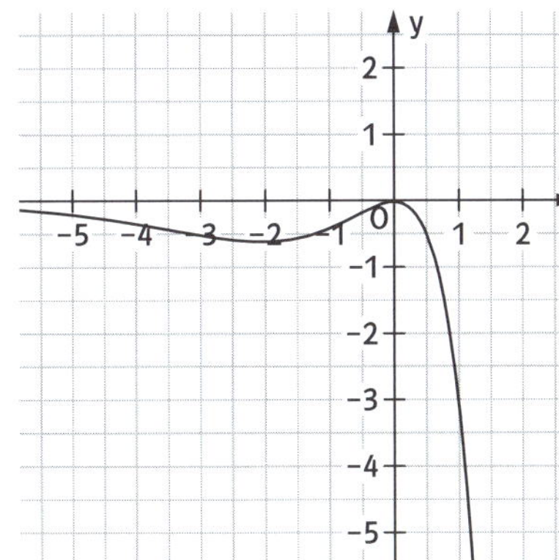
Abb. 1

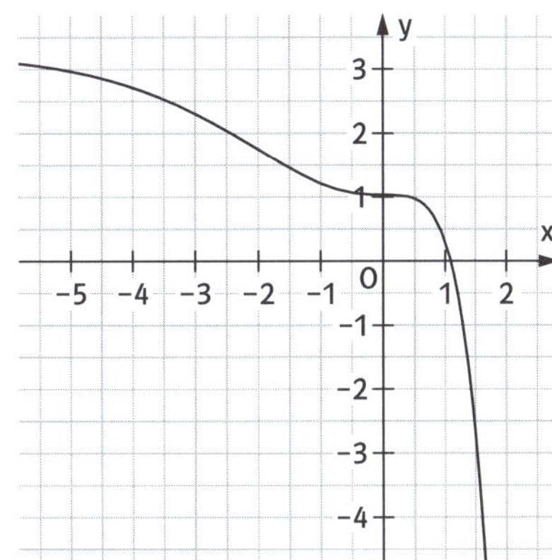
Abb. 2

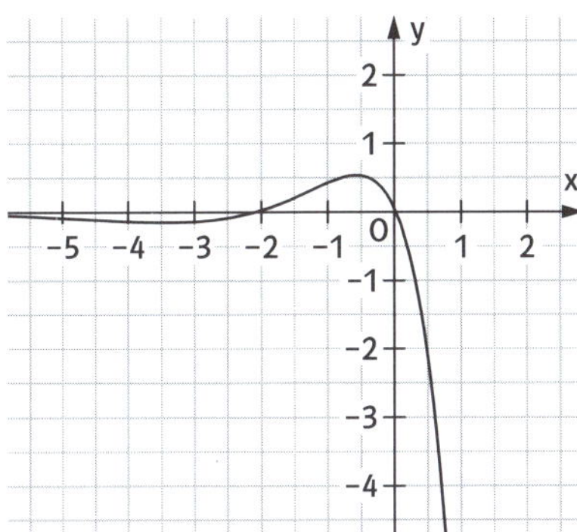
Abb. 3

Ordnen Sie die Abbildungen der Funktion f, der Ableitungsfunktion f′ und einer Stammfunktion F von f zu. Begründen Sie Ihre Entscheidung.

Funktion f	Abb. 1
Ableitungsfunktion f′	Abb. 2
Stammfunktion F	Abb. 3

Tipp

Beispiel: Aussagen über den Graphen von F machen

Die Abbildung zeigt den Graphen einer Funktion f.
F ist eine Stammfunktion von f.
Welche der folgenden Aussagen über F sind wahr, welche falsch?
Begründen Sie.

a) Der Graph von F hat bei $x = 2$ einen Sattelpunkt.
b) F ist für $0 < x < 2$ monoton fallend.
c) $F(-2) < F(-1)$
d) Die steilste Stelle von F für $-4 < x < 3$ ist bei $x = -2$.

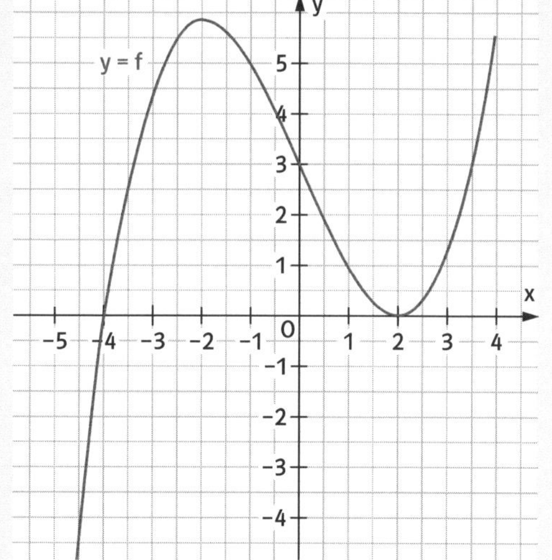

Tipps:
- Markieren Sie charakteristische Punkte bzw. Bereiche.
- Wenn möglich, skizzieren Sie den Graphen der Ausgangsfunktion.
- Übersetzen Sie den Text in mathematische Zusammenhänge.

a) Die Aussage ist wahr, da f bei $x = 2$ eine doppelte Nullstelle hat.
b) Die Aussage ist falsch. Für $0 < x < 2$ ist $f(x) > 0$, also ist F in diesem Intervall monoton steigend.
c) Die Aussage ist wahr, da $f(x) > 0$ für $-2 \leq x \leq -1$, ist F dort monoton steigend und damit $F(-2) < F(-1)$.
d) Die Aussage ist wahr, der Graph von f hat an dieser Stelle ein absolutes Maximum im angegebenen Intervall.

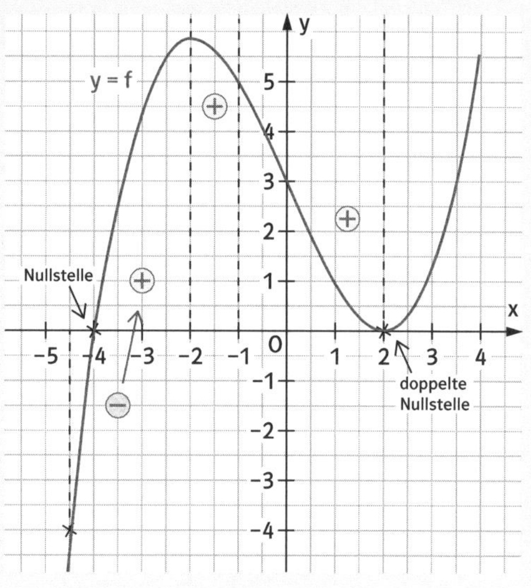

5 **Gegeben ist der Graph einer Funktion f. Welche Aussagen sind wahr, welche falsch? Begründen Sie.**

a) Der Graph von F hat eine doppelte Nullstelle bei $x = -1$.

b) Für $0 < x < 3$ gilt $F(x) < 0$.

c) An der Stelle $x = 3$ hat der Graph von F einen Tiefpunkt.

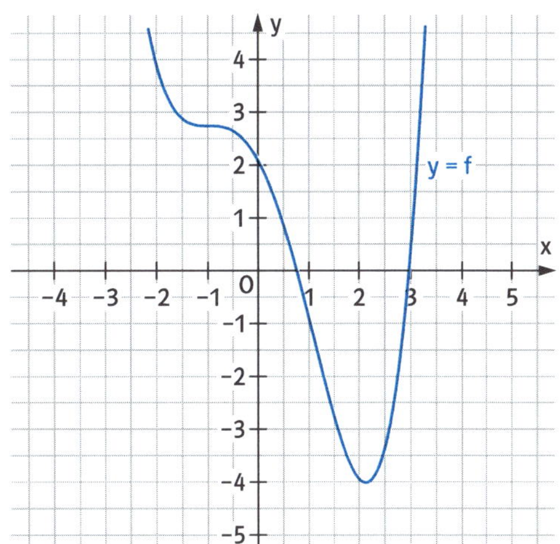

6 **Gegeben ist der Graph einer Funktion f. Welche Aussagen sind wahr, welche falsch? Begründen Sie.**

a) Der Graph von F hat bei $x = 2$ einen Sattelpunkt.

b) F ist für $0 < x < 2$ monoton fallend.

c) $F(-2) < F(-1)$

d) $F(f(-4{,}5))$ ist Minimum.

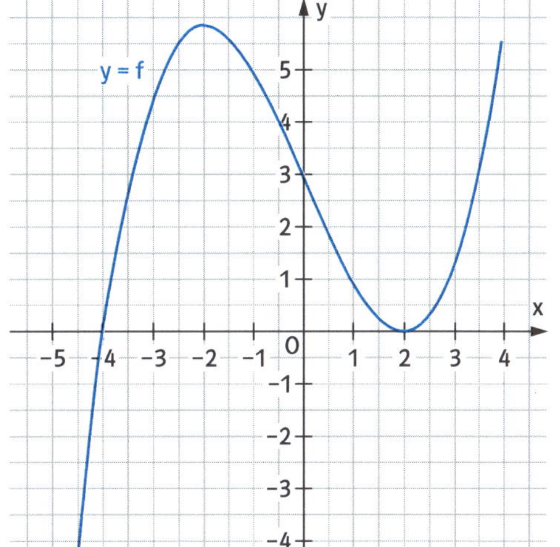

7 **Gegeben sind vier Bedingungen für einen Graphen einer Funktion f.**

① $F(0) = 2$

② $f(0) < 0$

③ $f(2) = 0$

④ $F(2) > 0$ und $f(x) > 0$ für $x > 2$

Skizzieren Sie den Graphen einer Funktion f, für den alle vier Bedingungen gelten.

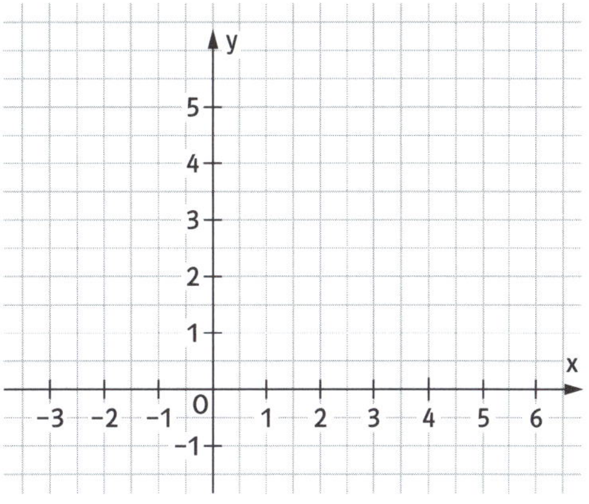

Bestimmung von Stammfunktionen

Tipp

Stammfunktionen von Grundfunktionen

Für Potenzfunktionen gibt es eine Regel zum Bilden von Stammfunktionen. Die Stammfunktionen weiterer Grundfunktionen sollte man auswendig können.

Funktion f	Beschreibung	Stammfunktion F
$f(x) = x^r$ (gilt für jede reelle Zahl $r \neq -1$)	Kehrwert der Hochzahl +1 als Faktor nach vorne; neue Hochzahl ist alte Hochzahl +1.	$F(x) = \frac{1}{(r+1)} \cdot x^{(r+1)}$
$f(x) = \frac{1}{x} = x^{-1}$		$F(x) = \ln\lvert x\rvert$
$f(x) = \sqrt{x} = x^{\frac{1}{2}}$	Auch hier muss man zum Bilden der Stammfunktion die Potenzregel anwenden.	$F(x) = \frac{2}{3} \cdot x^{\frac{3}{2}} = \frac{2}{3}\sqrt{x^3}$
$f(x) = c$ (c ist eine beliebige Zahl)	Die Stammfunktion der konstanten Funktion ist $c \cdot x$, da $F'(x) = c$.	$F(x) = c \cdot x$
$f(x) = \sin(x)$	Die Stammfunktion der Sinusfunktion ist die negative Kosinusfunktion.	$F(x) = -\cos(x)$
$f(x) = \cos(x)$	Die Stammfunktion der Kosinusfunktion ist die Sinusfunktion.	$F(x) = \sin(x)$
$f(x) = e^x$	$F(x) = f(x) = e^x$ Funktion und Stammfunktion haben den gleichen Term.	$F(x) = e^x$

In der Regel sind die Terme von Funktion und Stammfunktion unterschiedlich; nur bei der natürlichen Exponentialfunktion sind die beiden Terme von F und f gleich.

Wird eine Funktion mit einem konstanten Faktor (einer Zahl oder einem Parameter) multipliziert, dann bleibt nach der **Faktorregel** dieser konstante Faktor beim Integrieren erhalten.

$f(x) = k \cdot u(x)$	$F(x) = k \cdot U(x)$

Ist eine Funktion als Summe bzw. Differenz von mehreren Funktionen zusammengesetzt, wird sie nach der **Summenregel** summandenweise integriert, also jeder Summand für sich.

$f(x) = u(x) + v(x)$	$F(x) = U(x) + V(x)$

Tipp

Beispiel: Stammfunktionen bilden

Bilden Sie eine Stammfunktion der Funktion f.
a) $f(x) = 3\cos(x)$
b) $f(x) = x^4 - 2x^2$

1. Analysieren Sie, um was für eine Funktion es sich handelt, d.h. welche Regeln zum Bilden der Stammfunktion Sie anwenden müssen. Manchmal müssen mehrere Regeln in Kombination angewendet werden. Deshalb ist es wichtig, dass Sie insbesondere auf Malpunkte, Bruchstriche, Klammern, Wurzeln oder besondere Funktionen wie die Exponential- oder Sinusfunktion achten.
2. Schreiben Sie die entsprechende Regel auf.

a) Faktorregel
$F(x) = 3\sin(x)$

b) Differenz von zwei Potenzfunktionen, also Summenregel
$u(x) = x^4$; $U(x) = \frac{1}{5}x^5$
$v(x) = 2x^2$; $V(x) = 2 \cdot \frac{1}{3}x^3 = \frac{2}{3}x^3$
$F(x) = \frac{1}{5}x^5 - \frac{2}{3}x^3$

8 **Bestimmen Sie eine Stammfunktion F der rationalen Funktion f.**

a) $f(x) = x^3$
b) $f(x) = x^7 + 2$
c) $f(x) = x^{-3}$
d) $f(x) = x^{-7}$
e) $f(x) = \frac{1}{x^4} - 1$
f) $f(x) = \frac{1}{x^6}$
g) $f(x) = 4x^{-3}$
h) $f(x) = -\frac{12}{x^7}$
i) $f(x) = \frac{2}{x} + 4$
j) $f(x) = 2x^5 - 3x^4 + 3x^2 - 1$
k) $f(x) = \frac{1}{2}x^3 - \frac{2}{3}x^2 - \frac{3}{4}x$
l) $f(x) = \frac{1}{x} + 2x^3 + 5$

9 **Bestimmen Sie eine Stammfunktion F der Funktion f.**

a) $f(x) = 4e^x$
b) $f(x) = -5e^x + 2$
c) $f(x) = \frac{1}{4} \cdot \sin(x)$
d) $f(x) = 2 \cdot \cos(x)$
e) $f(x) = \frac{1}{2}x + 3e^x$
f) $f(x) = 2e^x - \frac{1}{2} \cdot \sin(x)$
g) $f(x) = \frac{1}{2}e^x + 3\sin(x)$
h) $f(x) = -3e^x - \sin(x)$
i) $f(x) = 2\sin(x) - \frac{1}{5}\cos(x)$

10 **Geben Sie für die folgenden Funktionen jeweils eine Stammfunktion an.**

a) $g(x) = \frac{1}{2}x^2 + \frac{5}{x^2} - 2 + \sqrt{x}$
b) $h(x) = \frac{1}{x}$

Tipp

Stammfunktionen von (zusammengesetzten) Funktionen – grundlegende Integrationsregeln

Im Gegensatz zum Ableiten, für das allgemeine Regeln existieren, kann sich das Integrieren als sehr schwer gestalten. Es gibt sogar Funktionen, die keine explizite Stammfunktion besitzen. Deshalb können Sie nur manche Funktionen nach den folgenden Regeln integrieren.

Die **Kettenregel** zur Integration heißt auch **lineare Substitution** und darf nur bei linearer Verkettung angewendet werden, das heißt, wenn es sich bei der „inneren" Funktion um eine lineare Funktion v mit $v(x) = ax + b$ handelt:

$f(x) = u(ax+b)$ oder $f(x) = u(v(x))$; v lineare Funktion	$F(x) = \frac{1}{a}U(ax+b)$ oder $F(x) = \frac{1}{v'(x)} \cdot U(v(x))$ Man dividiert die Stammfunktion der äußeren Funktion durch die Ableitung der inneren Funktion.

Linear bedeutet, dass die Potenz der Variablen 1 ist. Die Funktion f mit $f(x) = 2(x^2-1)^3$ kann deshalb mit der linearen Substitution nicht integriert werden, da die innere Funktion wegen x^2 nicht linear ist.

Beispiel: Stammfunktionen bilden

Bilden Sie eine Stammfunktion der Funktion f mit $f(x) = \frac{1}{4}\sin(2x-3)$.

1. Analysieren Sie, um was für eine Funktion es sich handelt, d.h. welche Regeln zum Bilden der Stammfunktion Sie anwenden müssen. Manchmal müssen mehrere Regeln in Kombination angewendet werden. Deshalb ist es wichtig, dass Sie insbesondere auf Malpunkte, Bruchstriche, Klammern, Wurzeln oder besondere Funktionen wie die Exponential- oder Sinusfunktion achten.
2. Schreiben Sie die entsprechende Regel auf.

Lineare Substitution

innere Funktion:
$v(x) = 2x-3; \quad v'(x) = 2$

äußere Funktion:

$u(x) = \frac{1}{4}\sin(x); \quad U(x) = -\frac{1}{4}\cos(x)$

$$F(x) = \frac{1}{2} \cdot \left(-\frac{1}{4}\cos(2x-3)\right) = -\frac{1}{8}\cos(2x-3)$$

Tipp:
Notieren Sie alle Zwischenschritte bzw. Einzelbestandteile und setzen Sie dann die Ableitung schrittweise zusammen.

11 **Bestimmen Sie mit linearer Substitution eine Stammfunktion F von f.**

a) $f(x) = (2x - 3)^3$
b) $f(x) = \frac{2}{3}(3 - 4x)^5$
c) $f(x) = 6e^{3 - \frac{4}{5}x}$
d) $f(x) = \sin(2x + 1)$
e) $f(x) = \pi \cdot \cos(1 - \pi x)$
f) $f(x) = \frac{1}{2x - 1}$

12 **Geben Sie für die folgenden Funktionen jeweils eine Stammfunktion an.**

a) $f(x) = \sin(x)$
b) $g(x) = \cos(2x + 1) + 2 \cdot \sin(5x)$
c) $h(x) = (4x - 3)^7$

Tipp

Beispiel: **Stammfunktionen durch einen bestimmten Punkt angeben**

Gegeben ist die Funktion f mit $f(x) = 4\cos(2x)$. Bestimmen Sie die Stammfunktion F von f, deren Graph durch den Punkt $P\left(\frac{\pi}{4} \middle| 3\right)$ geht.

1. Bestimmen Sie eine Stammfunktion mithilfe der Integrationsregeln.
   $f(x) = 4\cos(2x)$
   $F(x) = 4 \cdot \frac{1}{2} \cdot \sin(2x) = 2\sin(2x)$
2. Notieren Sie die Menge aller Stammfunktionen, indem Sie den Funktionsterm um $+c$ ergänzen.
   $F(x) = 2\sin(2x) + c$
3. Setzen Sie in $F(x) + c$ den x- und y-Wert des Punktes ein und lösen Sie die Gleichung nach c auf.
   $2\sin\left(2 \cdot \frac{\pi}{4}\right) + c = 3$
   $2 \cdot 1 + c = 3$
   $c = 1$
4. Notieren Sie die zugehörige Stammfunktion.
   Die gesuchte Stammfunktion lautet $F(x) = 2\sin(2x) + 1$.

13 **Bestimmen Sie eine Stammfunktion F von f mit der angegebenen Eigenschaft.**

a) $f(x) = \frac{4}{3}(2 - 4x)^3$ und $F(1) = 0$
b) $f(x) = 4e^{3x} - 2e^{-2x}$ und $F(0) = 2$
c) $f(x) = \frac{3}{x - 2}$ und $F(5) = 1$

14 **Geben Sie für die folgenden Funktionen jeweils die gesuchte Stammfunktion F an.**

a) $f(x) = -5e^x$ mit $F(0) = -5$
b) $f(x) = 4e^{2x} - 3e^{-x}$ mit $F(0) = 2$
c) $f(x) = 6e^{3x} + 1$ mit $F(\ln(2)) = \ln(2)$

Nachweis durch Ableiten

Tipp

Da das Integrieren einer Funktion schwieriger ist als das Ableiten, gibt man bei komplizierteren Funktionen in Prüfungen oft zu einer Funktion f eine Funktion F an und verlangt den Nachweis, dass F eine Stammfunktion von f ist.
Es ist also nachzuweisen, dass die **Bedingung $F'(x) = f(x)$** erfüllt ist.
Benötigt werden hierbei die Ableitungsregeln: Kettenregel, Produktregel und Quotientenregel.

Hinweis: Jeder Quotient kann als Produkt geschrieben werden, deshalb genügt oft die Produktregel.

Beispiel: Nachweis einer Stammfunktion durch Ableiten

Gegeben ist eine Funktion f mit $f(x) = e^{x^2}(1+2x^2)$.
Zeigen Sie, dass die Funktion F mit $F(x) = x \cdot e^{x^2}$ eine Stammfunktion der Funktion f ist.

Es ist also nachzuweisen, dass gilt:
$F'(x) = f(x)$.

1. Leiten Sie F(x) ab.

1. F(x) ist ein Produkt aus $u(x) = x$ und $v(x) = e^{x^2}$.
   Produktregel: $F' = u'v + uv'$
   $u(x) = x;\quad u'(x) = 1$
   $v(x) = e^{x^2};\quad v'(x) = 2x \cdot e^{x^2}$ (Kettenregel)
   $F'(x) = 1 \cdot e^{x^2} + x \cdot 2x \cdot e^{x^2}$

2. Formen Sie F'(x) so um, dass Sie f(x) erhalten. Oft hilft Ausklammern.

2. Umformen
   $F'(x) = e^{x^2} + 2x^2 e^{x^2}$
   $= e^{x^2}(1+2x^2) = f(x)$ ✓

15 **Zeigen Sie, dass die Funktion F eine Stammfunktion von f ist.**

a) $f(x) = \frac{e^x}{(1+e^x)^2}$; $F(x) = \frac{-1}{1+e^x}$

b) $f(x) = \left(\frac{1}{2}x - 2\right) \cdot e^{\frac{1}{2}x}$; $F(x) = (x-6) \cdot e^{\frac{1}{2}x}$

c) $f(x) = x \cdot e^{2-x}$; $F(x) = (-x-1) \cdot e^{2-x}$

d) $f(x) = (x+1) \cdot e^{-x}$; $F(x) = (-x-2) \cdot e^{-x}$

16 **Zeigen Sie, dass die Funktion F eine Stammfunktion von f ist.**

a) $f(x) = x \cdot \sin(x)$; $F(x) = -x \cdot \cos(x) + \sin(x)$

b) $f(x) = \sin(x) \cdot \cos(x)$; $F(x) = \frac{1}{2} \cdot \sin^2(x)$

c) $f(x) = \sin^2(x)$; $F(x) = \frac{1}{2}[x - \sin(x) \cdot \cos(x)]$

17 **Zeigen Sie, dass die Funktion F eine Stammfunktion von f ist.**

a) $f(x) = x \cdot \ln(x)$; $F(x) = \frac{1}{2}x^2 \cdot \left[\ln(x) - \frac{1}{2}\right]$

b) $f(x) = \frac{1}{(x+2) \cdot (x+4)}$; $F(x) = \frac{1}{2} \cdot \ln\left(\frac{x+2}{x+4}\right)$

c) $f(x) = x^2 - x^2 \cdot \ln(x^2)$; $F(x) = \frac{1}{9}x^3(5 - 3 \cdot \ln(x^2))$

Integrale

Tipp

Was ist das bestimmte Integral?

Das **bestimmte Integral** einer Funktion f lässt sich berechnen und ist eine **Zahl**. Dieser Wert entspricht dem **orientierten Flächeninhalt** zwischen dem Graphen einer Funktion f und der x-Achse im Intervall [a ; b], auch **Flächenbilanz** genannt.

Orientierter Flächeninhalt bzw. Flächenbilanz bedeutet, dass eine Fläche auch negativ gewichtet werden kann. Dabei werden Flächen oberhalb der x-Achse positiv und unterhalb der x-Achse negativ gezählt.

Für das bestimmte Integral im Intervall [a ; b] schreibt man

$$\int_a^b f(x)\,dx$$

und spricht „Integral von a bis b von (oder über) f von x".

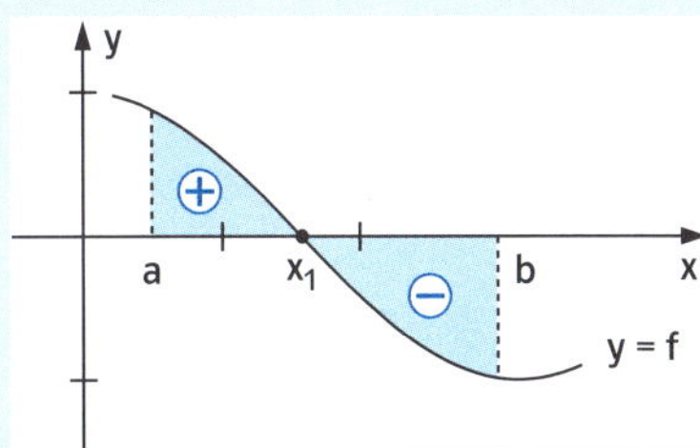

In diesem Fall ist $\int_a^b f(x)\,dx < 0$, da die Fläche oberhalb der x-Achse kleiner ist als die Fläche unterhalb der x-Achse.

a und b heißen **Integrationsgrenzen**, f nennt man Integrand und das Differential dx gibt die Integrationsvariable an, hier also x.

Es gilt:

$$\int_a^b f(x)\,dx + \int_b^c f(x)\,dx = \int_a^c f(x)\,dx$$

Der Wert eines Integrals setzt sich aus den Teilintegralen zusammen (**Intervalladditivität**).

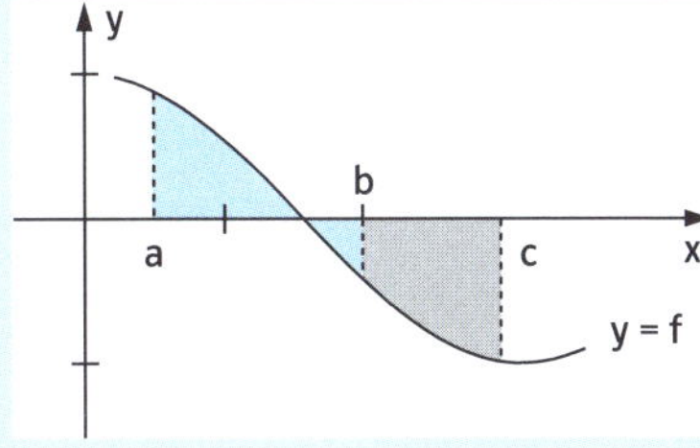

Woher kommt die Schreibweise für das Integral?
Die Schreibweise bildet die Annäherung der Fläche zwischen einer Kurve und der x-Achse durch Rechtecke ab.
Das Integralzeichen symbolisiert ein langes S für Summe.
f(x) dx kann man sich vorstellen als Seiten von Rechtecken mit Länge f(x) und Breite dx (d steht dabei für Differenz, x für x-Werte).

Zusammengesetzt bedeutet also $\int f(x)\,dx$ „die Summe aller Rechtecke zwischen dem Graphen von f und der x-Achse, wenn die Breite dx unendlich klein wird".

Tipp

Wie kann man das bestimmte Integral berechnen?

Für die Berechnung eines bestimmten Integrals $\int_a^b f(x)\,dx$ muss man nur eine Stammfunktion von f kennen, denn es gilt:

$$\int_a^b f(x)\,dx = [F(x)]_a^b = F(b) - F(a)$$

Diesen Satz nennt man auch **Hauptsatz der Differenzial- und Integralrechnung**.

Beispiel: Bestimmte Integrale berechnen

Berechnen Sie jeweils das Integral.

a) $\int_1^2 \frac{1}{x^2}\,dx$ b) $\int_0^1 (2x-1)^4\,dx$ c) $\int_0^\pi \left(2x - \sin\left(\frac{1}{2}x\right)\right)dx$

1. Analysieren Sie, um was für einen Integranden es sich handelt, d.h., welche Regeln zum Bilden der Stammfunktion Sie anwenden müssen. Manchmal müssen mehrere Regeln in Kombination angewendet werden. Deshalb ist es wichtig, dass Sie insbesondere auf Malpunkte, Bruchstriche, Klammern, Wurzeln oder besondere Funktionen wie die Exponential- oder Sinusfunktion achten.
2. Schreiben Sie eine Stammfunktion F(x) auf.
3. Berechnen Sie F(b) und F(a) und subtrahieren Sie die beiden Werte.

a) Potenzregel

$f(x) = \frac{1}{x^2} = x^{-2}$; $F(x) = -x^{-2+1} = -\frac{1}{x}$

$F(2) = -\frac{1}{2}$; $F(1) = -1$

Wenn Sie die Rechnung in einem Schritt machen, müssen Sie darauf achten, dass Sie Klammern um F(a) setzen.

also gilt:

$$\int_1^2 \frac{1}{x^2}\,dx = \left[-\frac{1}{x}\right]_1^2 = F(2) - F(1) = -\frac{1}{2} - (-1) = \frac{1}{2}$$

b) lineare Substitution

$f(x) = (2x-1)^4$

$F(x) = \frac{1}{5} \cdot \frac{1}{2} \cdot (2x-1)^5 = \frac{1}{10}(2x-1)^5$

$F(1) = \frac{1}{10} \cdot 1^5 = \frac{1}{10}$; $F(0) = -\frac{1}{10}$

also gilt:

$$\int_0^1 (2x-1)^4\,dx = \left[\frac{1}{10}(2x-1)^5\right]_0^1 = F(1) - F(0)$$
$$= \frac{1}{10} - \left(-\frac{1}{10}\right) = \frac{2}{10} = \frac{1}{5}$$

c) lineare Substitution

$f(x) = 2x - \sin\left(\frac{1}{2}x\right)$; $F(x) = x^2 + 2\cos\left(\frac{1}{2}x\right)$

$F(\pi) = \pi^2 + 0 = \pi^2$; $F(0) = 0 + 2 \cdot 1 = 2$

also gilt:

$$\int_0^\pi \left(2x - \sin\left(\frac{1}{2}x\right)\right)dx = [x^2 + 2\cos(x)]_0^\pi = \pi^2 - 2$$

18 **Berechnen Sie das Integral.**

a) $\int_1^3 x^2\,dx$

b) $\int_1^2 2x^3\,dx$

c) $\int_0^2 x^2 + x^3\,dx$

d) $\int_0^2 \sin\left(\frac{1}{2}x\right)dx$

e) $\int_1^4 2\sqrt{x}\,dx$

f) $\int_1^2 \frac{1}{x^3}\,dx$

19 **Berechnen Sie das Integral.**

a) $\int_1^2 \frac{1}{x^2} + \cos\left(\frac{1}{2}x\right)dx$

b) $\int_1^4 \sqrt{x} - 2\,dx$

c) $\int_0^{\pi} x - \sin(x)\,dx$

d) $\int_0^{\ln(2)} e^{2x}\,dx$

e) $\int_0^1 (2x-1)^3\,dx$

f) $\int_4^9 \frac{1}{\sqrt{x}} + 2\,dx$

20 **Zeigen Sie, dass gilt: $\int_0^3 \left(\frac{1}{3}x-1\right)^2 dx = 1$.**

21 **Untersuchen Sie, ob der Wert des Integrals $\int_0^{\ln(2)} 2e^{2x}\,dx$ ganzzahlig ist.**

22 **Bestimmen Sie den Wert von b so, dass das Integral $\int_2^b \left(\frac{1}{2}x-1\right)^3 dx$ den Wert $\frac{1}{2}$ hat.**

Weitere Integrationsverfahren

Tipp

Bei komplizierteren Funktionen, insbesondere bei dem Produkt von zwei Funktionen, helfen die folgenden Regeln eine **Stammfunktion** zu finden.

1. Produktintegration

$\int u(x) \cdot v'(x)\,dx = u(x) \cdot v(x) - \int u'(x) \cdot v(x)\,dx$

Es sollte also $u'(x) \cdot v(x)$ bei der Integration **„einfacher"** sein als $u(x) \cdot v'(x)$.

$f(x) = x \cdot e^x$
$u(x) = x;\quad u'(x) = 1;\quad v'(x) = e^x;\quad v(x) = e^x$

$\int x \cdot e^x dx = x \cdot e^x - \int e^x dx = x \cdot e^x - e^x = e^x(x-1)$

Damit ist F mit $F(x) = e^x(x-1)$ eine Stammfunktion von f.

2. Integration durch Substitution

$\int f(g(x)) \cdot g'(x)\,dx = \int f(z)\,dz \quad \text{mit } z = g(x)$

Man versucht $z = g(x)$ und $f(z)$ so zu wählen, dass auch **g′(x) als Faktor** vorkommt.

$f(x) = x \cdot \sqrt{1-x^2}$
$z = g(x) = 1-x^2;\quad g'(x) = -2x = \frac{dz}{dx};\quad dz = -2x\,dx$

$\int x \cdot \sqrt{1-x^2}\,dx = -\frac{1}{2}\int\left(-2x\sqrt{1-x^2}\right)dx = -\frac{1}{2}\int \sqrt{z}\,dz = -\frac{1}{2} \cdot \frac{2}{3} \cdot z^{\frac{3}{2}} = -\frac{1}{3} \cdot (1-x^2)^{\frac{3}{2}}$

Damit ist F mit $F(x) = -\frac{1}{3}\sqrt{(1-x^2)^3}$ eine Stammfunktion von f.

Sonderfall:

Der Funktionsterm ist ein Quotient, dessen **Zähler die Ableitung des Nenners** ist.

$\int \frac{g'(x)}{g(x)}\,dx = \ln(|g(x)|)$

$f(x) = \frac{2x}{1+x^2}$

$g(x) = 1+x^2;\quad g'(x) = 2x$

$\int \frac{2x}{1+x^2}\,dx = \ln(|1+x^2|)$

Damit ist F mit $F(x) = \ln(|1+x^2|)$ eine Stammfunktion von f.

23 **Ermitteln Sie durch Produktintegration eine Stammfunktion F der Funktion f.**

a) $f(x) = x \cdot (x-3)^4$

b) $f(x) = -2x \cdot e^{-x}$

c) $f(x) = x \cdot \sin(x)$

d) $f(x) = \frac{1}{x} \cdot \ln(x)$

24 **Ermitteln Sie mit Integration durch Substitution eine Stammfunktion F der Funktion f.**

a) $f(x) = 4x \cdot e^{1-x^2}$

b) $f(x) = x^2 \cdot e^{x^3+1}$

c) $f(x) = \frac{x}{4x^2-3}$

25 **Berechnen Sie das Integral.**

a) $\int_0^1 x \cdot e^{2x}\,dx$

b) $\int_{-1}^1 4x \cdot (3-2x)^6\,dx$

c) $\int_{-1}^1 \frac{6x}{(4+3x^2)^2}\,dx$

d) $\int_{-1}^2 \frac{e^{-x}}{2+3e^{-x}}\,dx$

e) $\int_1^2 \frac{x}{x^2+4}\,dx$

f) $\int_{-1}^{-\frac{1}{e}} x \cdot \ln(x^2)\,dx$

Integralfunktion

Tipp

Was ist die Integralfunktion?

Eine Funktion $\mathbf{I_a}$ mit $\mathbf{I_a(x) = \int_a^x f(t)\,dt}$ nennt man **Integralfunktion** von f.

Dabei ist a die untere Grenze. Die obere Grenze ist variabel. Damit es zu keiner Verwechslung kommt, benennt man in der Regel die obere variable Grenze mit x und die Integrationsvariable wird mit t (um-)benannt.

Es gilt:

$$I_a(x) = \int_a^x f(t)\,dt = [F(t)]_a^x = F(x) - F(a).$$

Achtung:
F(x) ist ein Term mit einer Variablen x, F(a) ist eine Zahl.

Geometrisch kann man die Integralfunktion als diejenige Stammfunktion von f interpretieren, deren Graph durch den Punkt P(a | 0) geht, d.h. a ist Nullstelle von I_a.

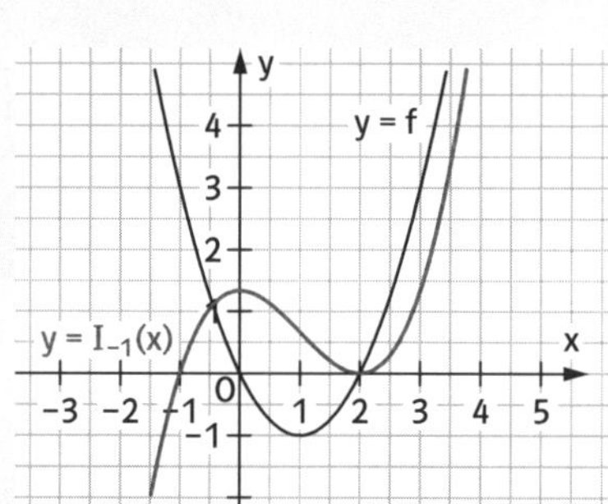

Beispiel: Den Term einer Integralfunktion angeben

Gegeben ist eine Funktion f mit $f(x) = \frac{3}{x^2} - 1$. Geben Sie eine integralfreie Darstellung für $I_2(x)$ an.

1. Bestimmen Sie eine Stammfunktion F von f.

$f(x) = \frac{3}{x^2} - 1 = 3x^{-2} - 1$

$F(x) = -3x^{-1} - 1x = -\frac{3}{x} - x$

2. Bestimmen Sie $I_a(x) = \int_a^x f(t)\,dt = [F(t)]_a^x = F(x) - F(a)$, indem Sie den Wert für a in die Stammfunktion einsetzen.

$I_2(x) = F(x) - F(2)$

$= -\frac{3}{x} - x - \left(-\frac{3}{2} - 2\right)$

$= -\frac{3}{x} - x + 3{,}5$

26 **Geben Sie zu den Funktionen f eine integralfreie Darstellung für die Integralfunktion an.**

a) $f(x) = \frac{3}{2}(x+2)^2$; $I_{-1}(x)$

b) $f(x) = \frac{1}{2(2x+1)}$; $I_0(x)$

Tipp

Beispiel: Den Graphen einer Integralfunktion skizzieren

Gegeben ist der Graph einer Funktion f.
Skizzieren Sie den Graphen der Integralfunktion I_2.

Tipp:
Denken Sie an die Ableitungsregeln, insbesondere an die Produkt- und Kettenregel.

f	F
Nullstelle	Extremstelle
doppelte Nullstelle	Sattelpunkt
< 0	monoton fallend
> 0	monoton steigend

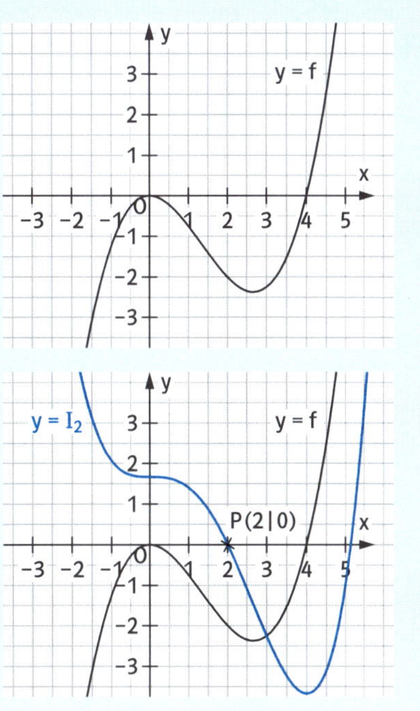

1. Beginnen Sie im Punkt P(a | 0), also P(2 | 0).

2. Skizzieren Sie ausgehend von P den Graphen der Stammfunktion F.

27 **Gegeben ist der Graph einer Funktion f. Skizzieren Sie den Graphen der Integralfunktion $I_0(x)$.**

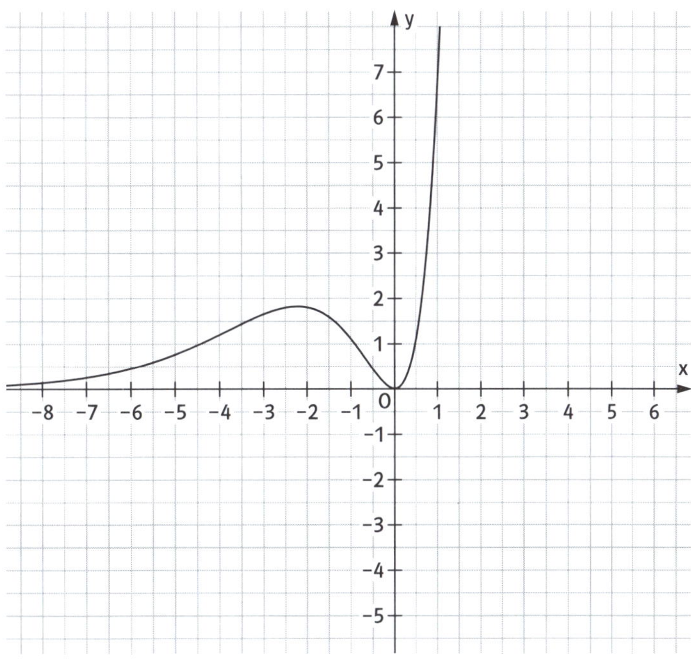

2 Flächenberechnungen

Flächeninhalt zwischen dem Graphen und der x-Achse

Tipp

Bei der Bestimmung des Flächeninhalts, der vom Graphen einer Funktion f und der x-Achse eingeschlossen ist, muss man diese Fälle unterscheiden und beachten:

I. Die Grenzen sind gegeben und f hat keine Nullstelle, also keinen Vorzeichenwechsel innerhalb der Grenzen.

Dann kann man mithilfe des bestimmten Integrals den Flächeninhalt berechnen.
Da der Flächeninhalt immer ein positiver Wert ist, gilt für den Flächeninhalt:

$$A = \left| \int_a^b f(x)\,dx \right|$$

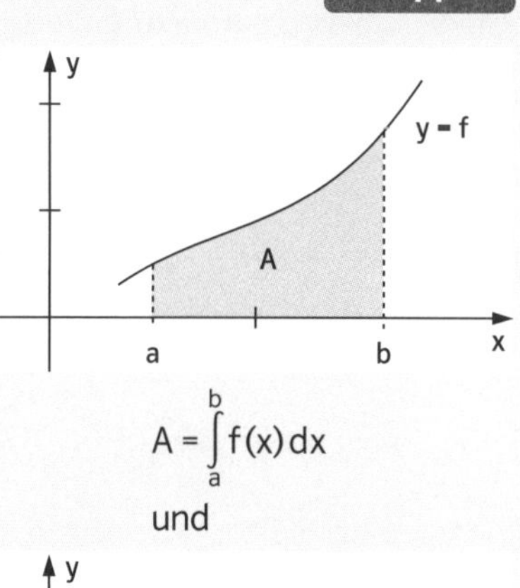

$$A = \int_a^b f(x)\,dx$$

und

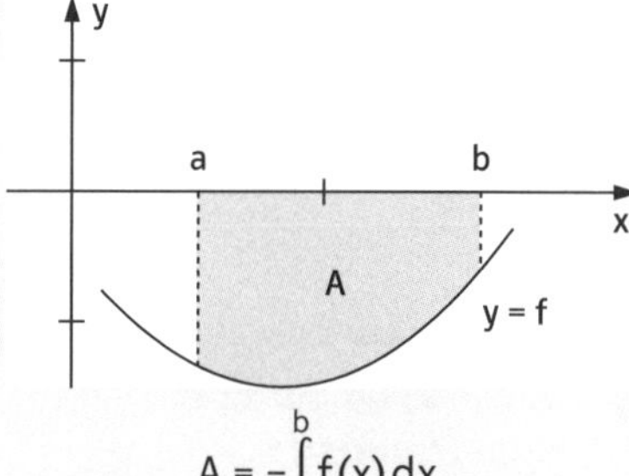

$$A = -\int_a^b f(x)\,dx$$

II. Die Grenzen sind nicht gegeben.
Dann muss man die Nullstellen der Funktion f und somit die Integrationsgrenzen bestimmen.
Für den Flächeninhalt gilt:

$$A = \left| \int_{x_1}^{x_2} f(x)\,dx \right|$$

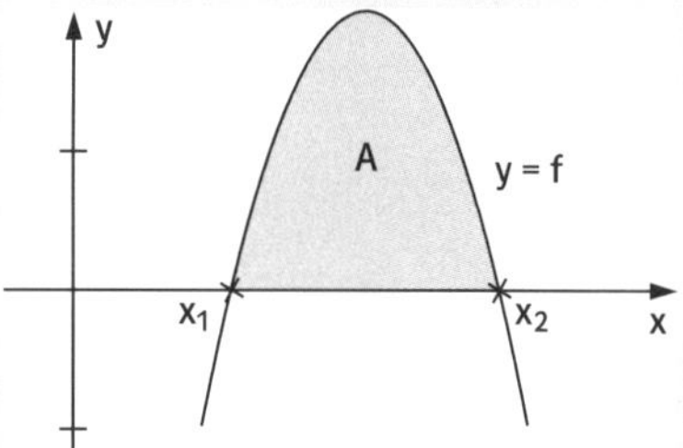

III. Die Grenzen sind gegeben und f hat (mindestens) eine Nullstelle, also einen Vorzeichenwechsel innerhalb der Grenzen.
Dann muss man die Flächen ober- und unterhalb der x-Achse einzeln berechnen und die Flächeninhalte der Teilflächen addieren. Für den Flächeninhalt gilt:

$$A = A_1 + A_2 = \left| \int_a^{x_1} f(x)\,dx \right| + \left| \int_{x_1}^b f(x)\,dx \right|$$

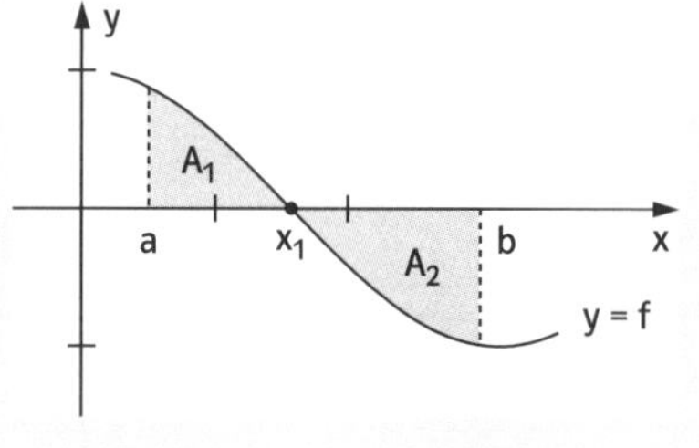

Tipp

Beispiel 1: Fläche zwischen Graph und x-Achse mit gegebenen Grenzen berechnen

Gegeben ist die Funktion f mit $f(x) = e^{2x}$. Berechnen Sie den Inhalt der Fläche, die der Graph von f mit der x-Achse im Intervall $[0; \ln(3)]$ einschließt.

1. Bilden Sie eine Stammfunktion F von f.

$f(x) = e^{2x}$

$F(x) = \frac{1}{2}e^{2x}$

2. Berechnen Sie den Flächeninhalt mit $A = \left|\int_a^b f(x)\,dx\right|$.

$$A = \left|\int_0^{\ln(3)} e^{2x}\,dx\right| = \left|\left[\frac{1}{2}e^{2x}\right]_0^{\ln(3)}\right|$$
$$= \left|\frac{1}{2}e^{2\cdot\ln(3)} - \frac{1}{2}e^{2\cdot 0}\right|$$
$$= \left|\frac{1}{2}3^2 - \frac{1}{2}\right|$$
$$= |4| = 4$$

Beispiel 2: Fläche zwischen Graph und x-Achse berechnen

Gegeben ist die Funktion f mit $f(x) = \frac{1}{2}x^2 - 2$. Berechnen Sie den Inhalt der Fläche, die der Graph von f mit der x-Achse einschließt.

1. Bestimmen Sie die Nullstellen x_1 und x_2 von f. Diese bilden die untere und obere Grenze des Integrals.

$$\frac{1}{2}x^2 - 2 = 0$$
$$\frac{1}{2}x^2 = 2$$
$$x^2 = 4 \quad |\pm\sqrt{\ }$$
$$x = \pm 2, \text{ also } x_1 = -2 \text{ und } x_2 = 2$$

2. Bilden Sie eine Stammfunktion F von f.

$$F(x) = \frac{1}{2}\cdot\frac{1}{3}x^3 - 2x = \frac{1}{6}x^3 - 2x$$

3. Berechnen Sie den Flächeninhalt mit $A = \left|\int_{x_1}^{x_2} f(x)\,dx\right|$.

$$A = \left|\int_{x_1}^{x_2} f(x)\,dx\right| = \left|\int_{-2}^{2}\left(\frac{1}{2}x^2 - 2\right)dx\right|$$
$$= \left|\left[\frac{1}{6}x^3 - 2x\right]_{-2}^{2}\right|$$
$$= \left|\frac{1}{6}\cdot 2^3 - 2\cdot 2 - \left(\frac{1}{6}(-2)^3 - 2(-2)\right)\right|$$
$$= \left|\frac{8}{6} - 4 + \frac{8}{6} - 4\right|$$
$$= \left|\frac{16}{6} - 8\right|$$
$$= \left|-\frac{16}{3}\right| = \frac{16}{3}$$

Tipp

Beispiel 3: Fläche zwischen Graph und x-Achse berechnen

Gegeben ist die Funktion f mit $f(x) = x^3 - x^2$. Berechnen Sie den Inhalt der Fläche, die der Graph von f mit der x-Achse im Intervall [0 ; 2] einschließt.

1. Bestimmen Sie die Nullstellen von f. Diese legen zusammen mit dem Intervall die Grenzen möglicher Teilintervalle fest. Stellen Sie die zugehörigen Teilintegrale auf.

Möglicher Verlauf des Graphen von f: 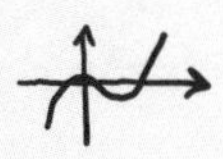

Tipp: Skizzieren Sie einen möglichen Verlauf des Graphen.

$x^3 - x^2 = 0$; $x^2(x-1) = 0$, also sind $x_1 = 0$ und $x_2 = 1$ die Nullstellen von f.

$$A_1 = \left|\int_0^1 (x^3 - x^2)\,dx\right|$$

$$A_2 = \left|\int_1^2 (x^3 - x^2)\,dx\right|$$

2. Bilden Sie eine Stammfunktion F von f.

$$F(x) = \frac{1}{4}x^4 - \frac{1}{3}x^3$$

3. Berechnen Sie den Flächeninhalt der Teilintervalle.

$$A_1 = \left|\frac{1}{4} - \frac{1}{3} - 0\right| = \left|-\frac{1}{12}\right| = \frac{1}{12}$$

$$A_2 = \left|\frac{1}{4}\cdot 2^4 - \frac{1}{3}\cdot 2^3 - \left(-\frac{1}{12}\right)\right| = \left|4 - \frac{8}{3} + \frac{1}{12}\right| = \frac{17}{12}$$

Tipp: F(1) kommt sowohl bei A_1 als auch bei A_2 vor, muss also nur einmal berechnet werden.

4. Berechnen Sie A, indem Sie die Flächeninhalte der Teilintervalle addieren.

$$A = A_1 + A_2 = \frac{1}{12} + \frac{17}{12} = \frac{18}{12} = \frac{3}{2}$$

1 **Der Graph der Funktion f schließt mit der x-Achse im Intervall [a ; b] eine Fläche ein. Berechnen Sie deren Inhalt.**

a) $f(x) = 4 - (x-3)^2$; $a = 0$; $b = 5$

b) $f(x) = 1 - e^{2-x}$; $a = 1$; $b = 3$

c) $f(x) = 3\cdot\sin\left(x - \frac{\pi}{4}\right)$; $a = -\frac{\pi}{2}$; $b = \pi$

d) $f(x) = \frac{1}{16}x^3 - x^2 + 3x$; $a = 1$; $b = 7$

e) $f(x) = x + \frac{8}{x^2}$; $a = -3$; $b = -1$

2 **Berechnen Sie den Inhalt der Fläche, die der Graph von f mit der x-Achse einschließt.**

a) $f(x) = 2x^3 - 6x^2 + 4x$

b) $f(x) = \frac{1}{2}x^4 - 4x^3 + 8x$

Flächeninhalt zwischen zwei Graphen

Tipp

Bei der Bestimmung des Flächeninhalts zwischen zwei Graphen spielt es keine Rolle, ob die Graphen ober- oder unterhalb der x-Achse liegen.

Man bestimmt den Flächeninhalt mit dem Integral der Differenz der beiden Funktionen. Sind x_1 und x_2 die Schnittstellen der beiden Funktionen, dann gilt:

$$A = \left| \int_{x_1}^{x_2} (f(x) - g(x))\,dx \right|.$$

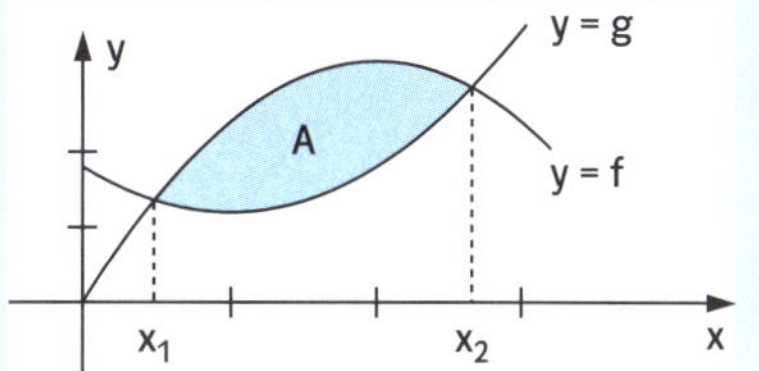

Beispiel: Fläche zwischen zwei Graphen berechnen

Gegeben sind die Funktionen f und g mit $f(x) = x^2$ und $g(x) = -x + 2$. Berechnen Sie den Inhalt der Fläche, die von den Graphen der beiden Funktionen eingeschlossen wird.

1. Bestimmen Sie die Schnittstellen x_1 und x_2 von f und g, indem Sie die beiden Funktionsterme gleichsetzen. Diese bilden die untere und obere Grenze des Integrals.

$$x^2 = -x + 2$$
$$x^2 + x - 2 = 0$$
$$x_{1,2} = \frac{-1 \pm \sqrt{1 - 4 \cdot 1 \cdot (-2)}}{2} = \frac{-1 \pm 3}{2},$$
also $x_1 = -2$ und $x_2 = 1$

2. Bilden Sie die Differenz der beiden Funktionen $f - g$. Bilden Sie eine Stammfunktion.

$f(x) - g(x) = x^2 + x - 2$

Stammfunktion: $\frac{1}{3}x^3 + \frac{1}{2}x^2 - 2x$

3. Berechnen Sie den Flächeninhalt mit $A = \left| \int_{x_1}^{x_2} (f(x) - g(x))\,dx \right|$.

$$A = \left| \int_{-2}^{1} f(x) - g(x)\,dx \right| = \left| \left[\frac{1}{3}x^3 + \frac{1}{2}x^2 - 2x \right]_{-2}^{1} \right|$$
$$= \left| \frac{1}{3} + \frac{1}{2} - 2 - \left(-\frac{8}{3} + 2 + 4 \right) \right| = \left| -\frac{9}{2} \right| = \frac{9}{2} = 4{,}5$$

3 **Gegeben sind die Funktionen f und g durch $f(x) = \frac{12}{x^2}$ für $x > 0$ und $g(x) = 4 - \frac{1}{4}x^2$ für $x \geq 0$.**

a) Bestimmen Sie den Inhalt der Fläche zwischen den Graphen von f und g.

b) Bestimmen Sie den Inhalt der Fläche zwischen dem Graphen von g, der Tangente an den Graphen von g im Punkt $B(2\,|\,3)$ und der y-Achse.

4 **Gegeben ist die Funktion f mit $f(x) = 1 - e^{-x}$.**

a) Skizzieren Sie den Graphen von f einschließlich Asymptote.

b) Der Graph von f, die y-Achse, die Asymptote und die Gerade mit der Gleichung $x = \ln(2)$ begrenzen eine Fläche. Berechnen Sie deren Inhalt.

Flächenberechnungen bei offenen Flächen

Tipp

Auch von Flächen, die ins Unendliche reichen, kann man den Flächeninhalt berechnen.

Der Graph der Funktion f mit $f(x) = \frac{9}{x^2} - \frac{9}{x^3}$ bildet für $x \geq 1$ mit der x-Achse eine „nach rechts offene" Fläche (Fig. 1).

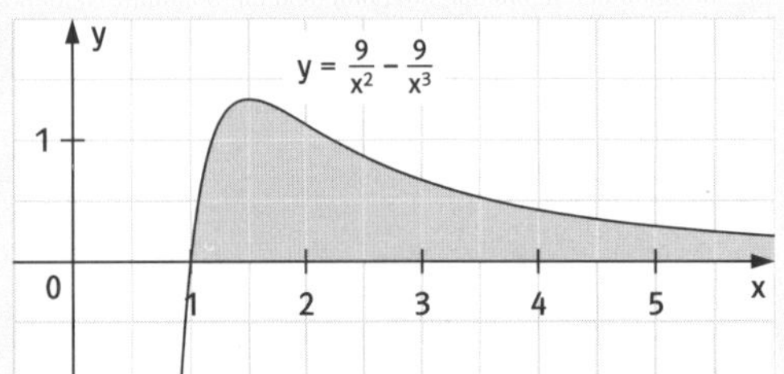

Fig. 1

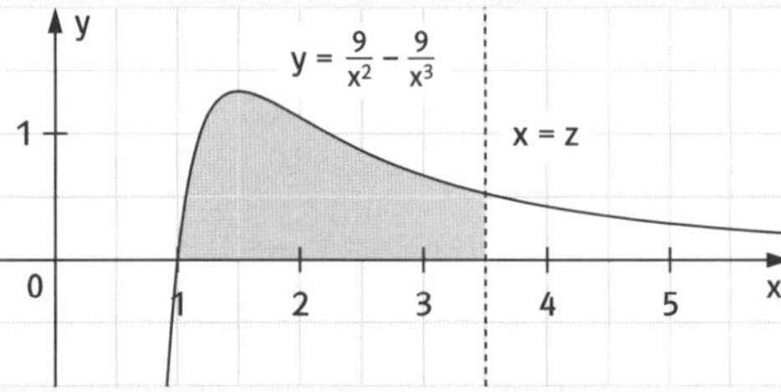

Fig. 2

Um zu untersuchen, ob diese Fläche einen endlichen Flächeninhalt hat,

- begrenzt man die Fläche durch die Gerade mit der Gleichung $x = z$, $z > 1$ (Fig. 2),
- berechnet man den Flächeninhalt A(z) zwischen den Grenzen 1 und z,
- untersucht man, ob A(z) einen Grenzwert hat.

Beispiel: Den Flächeninhalt von nach rechts offenen Flächen bestimmen

Bestimmen Sie den Flächeninhalt, den der Graph der Funktion f mit $f(x) = \frac{9}{x^2} - \frac{9}{x^3}$ für $x \geq 1$ mit der x-Achse einschließt.

$$A(z) = \int_1^z \left(\frac{9}{x^2} - \frac{9}{x^3}\right) dx = \left[-\frac{9}{x} + \frac{4{,}5}{x^2}\right]_1^z$$

$$= \left(-\frac{9}{z} + \frac{4{,}5}{z^2}\right) - \left(-\frac{9}{1} + \frac{4{,}5}{1}\right)$$

$$= 4{,}5 - \frac{9}{z} + \frac{4{,}5}{z^2}$$

$$\lim_{z \to +\infty} A(z) = \lim_{z \to +\infty} \left(4{,}5 - \frac{9}{z} + \frac{4{,}5}{z^2}\right) = 4{,}5$$

Es strebt also $A(z) \to 4{,}5$ für $z \to +\infty$. Dies besagt, dass das nach rechts unbegrenzte Flächenstück den **Flächeninhalt 4,5** besitzt.
Entsprechende Überlegungen für die Funktion f mit $f(x) = \frac{4}{\sqrt{x}}$ zwischen den Grenzen $x = 4$ und $x = z$ ergibt

$$A(z) = \int_4^z \frac{4}{\sqrt{x}} dx = \left[8\sqrt{x}\right]_4^z = 8\sqrt{z} - 16.$$

In diesem Fall existiert kein Grenzwert von A(z) für $z \to +\infty$. Die Fläche hat damit keinen endlichen Flächeninhalt.

5 **Der Graph der Funktion f mit $f(x) = e^{-0,25x+1}$ begrenzt mit der y-Achse, der positiven x-Achse und der Geraden mit der Gleichung $x = z,\ z > 0$ ein Flächenstück.**

a) Ermitteln Sie den Inhalt A(z) dieser Fläche in Abhängigkeit von z und berechnen Sie A(10).

b) Untersuchen Sie für $z \to +\infty$ den Inhalt des nach rechts unbegrenzten Flächenstücks.

6 **Der Graph der Funktion f mit $f(x) = \frac{3}{(x+1)^2}$, die Gerade mit der Gleichung $x = 1$ und die x-Achse begrenzen eine nach rechts offene Fläche.**

a) Skizzieren Sie den Graphen von f in ein Koordinatenkreuz.

b) Untersuchen Sie, ob diese Fläche einen endlichen Inhalt hat.

7 **Gegeben ist die Funktion f mit $f(x) = 4 - 3 \cdot e^{-0,5x}$. Die y-Achse, der Graph von f und die Asymptote des Graphen von f begrenzen für $x > 0$ eine nach rechts offene Fläche.**

a) Skizzieren Sie den Graphen von f in ein Koordinatenkreuz.

b) Untersuchen Sie, ob diese Fläche einen endlichen Inhalt hat.

8 **Gegeben ist die Funktion f mit $f(x) = e^{2x} - 3 \cdot e^{x} + 2$. Die y-Achse, der Graph von f und die Asymptote des Graphen von f begrenzen für $x < 0$ eine nach links offene Fläche.**

a) Skizzieren Sie den Graphen von f in ein Koordinatenkreuz.

b) Untersuchen Sie, ob diese Fläche einen endlichen Inhalt hat.

9 **Gegeben ist die Funktion f mit $f(x) = \frac{1}{\sqrt{x}}$. Der Graph von f, die x-Achse und die Gerade mit der Gleichung $x = 1$ begrenzen für $x > 1$ eine nach rechts offene Fläche.**

a) Skizzieren Sie den Graphen von f in ein Koordinatenkreuz.

b) Untersuchen Sie, ob diese Fläche einen endlichen Inhalt hat.

3 Anwendungen der Integralrechnung

Ermittlung eines Bestandes aus einer Änderungsrate

Tipp

Wie kann man den Bestand aus einer Änderungsrate rekonstruieren?

Ist die Änderungsrate f′ einer Funktion bekannt, dann lässt sich die Gesamtänderung nach einem Zeitraum $[a;b]$ mit dem bestimmten Integral $\int_a^b f'(t)\,dt$ bestimmen.

Da eine Funktion unendlich viele Stammfunktionen hat, ist es wichtig, den sogenannten Anfangsbestand zu kennen, um den Bestand rekonstruieren zu können.
Kennt man die Änderungsrate f′ einer Funktion in einem Intervall $[a;b]$ und einen (Anfangs-)Bestand zum Zeitpunkt a, kurz f(a), dann kann man den Bestand zum Zeitpunkt b bestimmen mit

$$\mathbf{f(b) = f(a) + \int_a^b f'(t)\,dt} \quad \text{bzw.} \quad \mathbf{f(b) = f(0) + \int_0^b f'(t)\,dt.}$$

Mögliche Beispiele im Sachzusammenhang sind die Bestimmung des Bestandes aus der Wachstumsrate, der Flüssigkeitsmenge aus der Zuflussrate, des Weges aus der Geschwindigkeit.

Beispiel: Den Bestand aus einer Änderungsrate rekonstruieren

Die Funktion f mit $f(t) = -10e^{-0{,}35t} + 100$ (t in Stunden) beschreibt die Änderungsrate einer Bakterienpopulation. Zu Beginn der Beobachtung waren 500 Bakterien vorhanden. Berechnen Sie, wie viele Bakterien 3 Stunden nach Beginn vorhanden sind.

Anwendungsaufgaben dieser Art können in der Regel nur mit einem Taschenrechner gelöst werden.

1. Bestimmen Sie eine Stammfunktion F von f.

$$f(t) = -10e^{-0{,}35t} + 100$$
$$F(t) = \frac{1}{-0{,}35} \cdot (-10e^{-0{,}35t}) + 100t$$
$$= \frac{1000}{35} e^{-0{,}35t} + 100t$$

2. Setzen Sie den Anfangsbestand in die Formel ein und berechnen Sie den Bestand mit $F(b) = F(0) + \int_0^b f(t)\,dt$.

$$F(3) = 500 + \int_0^3 (-10e^{-0{,}35t} + 100)\,dt$$
$$= 500 + \left[\frac{1000}{35} e^{-0{,}35t} + 100t\right]_0^3$$
$$= 500 + \left(\frac{1000}{35} e^{-0{,}35 \cdot 3} + 300 - \left(\frac{1000}{35} \cdot 1 + 0\right)\right)$$
$$\approx 781$$

Achtung: Klammern nicht vergessen!

3. Runden Sie das Ergebnis sinnvoll und schreiben Sie einen Antwortsatz.

Nach 3 Stunden sind etwa 800 Bakterien vorhanden.

Tipp

- In Anwendungsaufgaben ist oft die Änderungsrate eines Bestandes gegeben, die Variable ist dabei meist die Zeit und wird mit t bezeichnet.
- Ist ein Bestand gesucht, ist es wichtig, dass Sie unabhängig von der Bezeichnung eine Stammfunktion bestimmen müssen.
- Ist $f'(t)$ gegeben, dann ist also $f(t)$ gesucht.

1 **Die Funktion f hat im Intervall [1;3] die momentane Änderungsrate f' mit $f'(x) = 2 \cdot e^{-0,2x}$. Bestimmen Sie f(3), wenn $f(1) = 5$ ist.**

2 **Die Geschwindigkeit (in ms^{-1}) eines zur Zeit $t = 0$ (in s) startenden Sportwagens kann für $0 \leq t \leq 8$ durch die Funktion v mit $v(t) = -\frac{1}{4}t^3 + 3t^2$ beschrieben werden. Bestimmen Sie den nach 8 Sekunden zurückgelegten Weg.**

3 **Die Änderungsrate einer Population wird beschrieben durch die Funktion f mit $f(t) = 100 - 10 \cdot e^{-0,35 \cdot t}$, wobei t in Jahren ab Beobachtungsbeginn angegeben ist. Bestimmen Sie, auf welchen Wert die Population in den ersten 5 Beobachtungsjahren angewachsen ist, wenn zu Beginn rund 500 Individuen vorhanden waren.**

4 **In einem Behälter sind 80 Liter Flüssigkeit. Zur Zeit $t = 0$ (in min) wird das Einlassventil eines Rohres geöffnet. Während der ersten zwei Minuten steigt die momentane Durchflussgeschwindigkeit d(t) $\left(\text{in } \frac{l}{min}\right)$ quadratisch bis zu $20\,\frac{l}{min}$ an. Bestimmen Sie, wie viel Liter Flüssigkeit nach zwei Minuten in dem Behälter sind.**

5 **Die Wachstumsgeschwindigkeit einer Käferpopulation in einem See kann modelliert werden durch die Funktion f mit $f(t) = \frac{2}{(1+t)^2}$; t in Monaten, f(t) in Käfer pro Monat.**

a) Zeichnen Sie den Graphen der Funktion f.

b) Ermitteln Sie die Funktion, welche die Zahl der Käfer im See beschreibt, wenn zu Beginn zehn Käfer vorhanden waren; zeichnen Sie den Graphen dieser Funktion.

c) Beschreiben Sie den Verlauf der Wachstumsgeschwindigkeit und den Verlauf der Käferpopulation.

Mittelwert

Tipp

Was ist der Mittelwert einer Funktion?

Möchte man den Mittelwert (Durchschnitt) von einer bestimmten Anzahl an Werten, z. B. von Schulnoten berechnen, addiert man alle diese Werte und dividiert sie durch die Anzahl. Da eine Funktion in einem Intervall [a ; b] jedoch unendlich viele Funktionswerte hat, funktioniert diese Methode bei Funktionen nicht.
Ist eine Funktion f gegeben, so berechnet man den **Mittelwert** mit

$$\overline{m} = \frac{1}{(b-a)} \int_a^b f(x)\,dx.$$

Da der Mittelwert $\overline{m}$ eine Zahl ist, kann man ihn geometrisch interpretieren als Gerade **$y = \overline{m}$**.
Schreibt man die Formel für den Mittelwert um, erhält man

$$(b-a) \cdot \overline{m} = \int_a^b f(x)\,dx.$$

Anschaulich bedeutet das, dass man die Fläche zwischen dem Graphen einer Funktion und der x-Achse in ein inhaltsgleiches Rechteck mit der Breite $b-a$ und dem Mittelwert $\overline{m}$ als Höhe umwandeln kann.

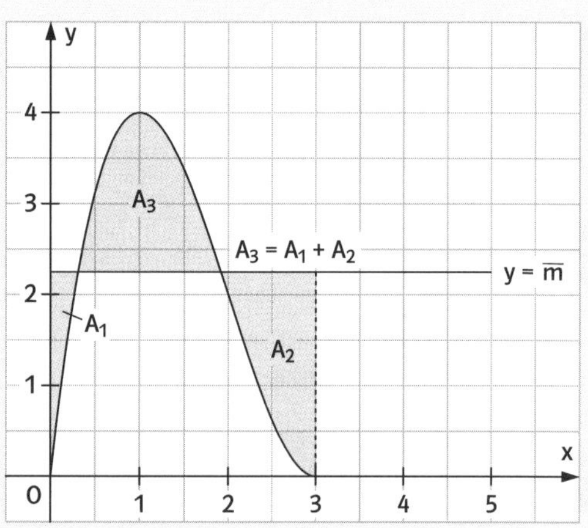

Den Mittelwert kann man sich auch mit einem Anwendungsbezug sehr gut verdeutlichen: Beschreibt z. B. eine Funktion f die Zuflussgeschwindigkeit von Wasser in einem Zeitintervall [a ; b], dann liefert das Integral von f über [a ; b] die Zuflussmenge A. Dieselbe Zuflussmenge würde sich ergeben, wenn über den Zeitraum konstant $\frac{A}{(b-a)}$ pro Zeiteinheit zugeflossen wären.

Beispiel 1: Den Mittelwert grafisch bestimmen

Bestimmen Sie den Mittelwert im Intervall [0 ; 8].

1. Zeichnen Sie die Geraden $x = a$ und $x = b$ ein.
2. Suchen Sie eine Gerade $y = \overline{m}$, so dass die Flächenstücke unterhalb und oberhalb dieser Geraden ungefähr gleich groß sind.

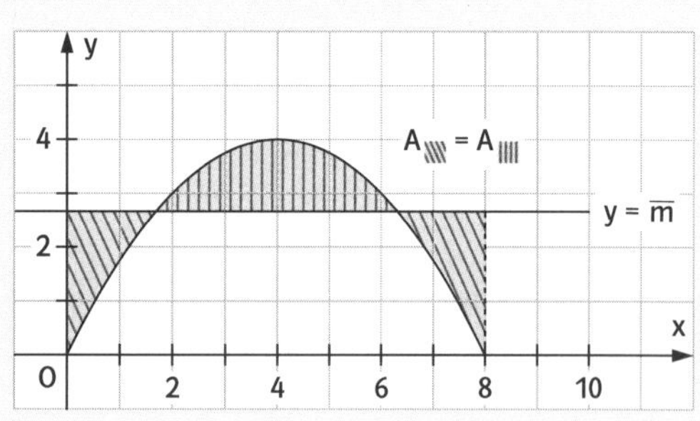

Tipp

Beispiel 2: Den Mittelwert berechnen

Gegeben ist eine Funktion f mit $f(x) = -\frac{1}{4}x^2 + 2x$.
Bestimmen Sie den Mittelwert von f im Intervall $[0;2]$.

Berechnen Sie $\overline{m}$ mit

$$\overline{m} = \frac{1}{(b-a)}\int_a^b f(x)\,dx.$$

$$\overline{m} = \frac{1}{2}\int_0^2 \left(-\frac{1}{4}x^2 + 2x\right)dx$$
$$= \frac{1}{2}\left[-\frac{1}{12}x^3 + x^2\right]_0^2$$
$$= \frac{1}{2}\cdot\left(-\frac{8}{12} + 4\right)$$
$$= \frac{5}{3}$$

Beispiel 3: Den Mittelwert im Anwendungsbezug berechnen

Die Wachstumsgeschwindigkeit einer Bambusart kann näherungsweise durch die Funktion f mit $f(t) = 0{,}01\,t^3 + 0{,}2\,t^2$, f in Metern pro Woche, t in Wochen beschrieben werden.
Berechnen Sie, wie viel die Bambuspflanze durchschnittlich in den ersten 5 Wochen wächst und interpretieren Sie das Ergebnis im Sachzusammenhang.

1. Das Wort „durchschnittlich" signalisiert, dass Sie den Mittelwert bestimmen müssen. Berechnen Sie also $\overline{m}$ mit

$$\overline{m} = \frac{1}{b-a}\int_a^b f(t)\,dx.$$

$$\overline{m} = \frac{1}{5}\int_0^5 (0{,}01\,t^3 + 0{,}2\,t^2)\,dt$$
$$= \frac{1}{5}\cdot\left[\frac{1}{400}t^4 + \frac{1}{15}t^3\right]_0^5$$
$$= \frac{1}{5}\cdot\left(\frac{1}{400}\cdot 5^4 + \frac{1}{15}\cdot 5^3\right)$$
$$\approx 2$$

2. Wenn Sie das Ergebnis interpretieren müssen, benötigen Sie den Mittelwert und die zugehörige Zeiteinheit mit „pro". Die Zeiteinheit erhalten Sie aus der Aufgabenstellung.

Der Bambus wächst in den ersten 5 Wochen im Durchschnitt etwa 2 m pro Woche.

6 **Bestimmen Sie den Mittelwert $\overline{m}$ der Funktion f auf dem Intervall [a ; b]. Zeichnen Sie den Graphen von f und die Gerade mit der Gleichung $y = \overline{m}$.**

a) $f(x) = \frac{1}{4}x(8 - x)$; $a = 0$; $b = 8$

b) $f(x) = x^3 - x^2 + 1$; $a = 0$; $b = 1{,}5$

c) $f(x) = \sin(x)$; $a = 0$; $b = \pi$

d) $f(x) = \frac{80}{(x + 4)^2}$; $a = 0$; $b = 5$

7 **Der Zufluss von Wasser in einen See lässt sich in den ersten sechs Stunden nach Beobachtungsbeginn beschreiben durch die Funktion f mit $f(t) = 4t^3 - 40t^2 + 100t + 50$. Dabei ist t in Stunden (h) und f(t) in $\frac{m^3}{h}$ gemessen.**
Berechnen Sie den Mittelwert der Funktion für die ersten sechs Stunden und interpretieren Sie das Ergebnis im Sachzusammenhang.

8 **Das Wachstum einer Forellenart kann durch die Funktion f mit $f(t) = 20 - 15 \cdot e^{-0{,}1 \cdot t}$ beschrieben werden. Dabei wird t in Monaten seit Beginn der Untersuchung und die Länge f(t) in cm gemessen.**
Welche mittlere Länge hat diese Forellenart in den ersten 10 Monaten seit Beginn der Untersuchung?

9 **Die Konzentration eines Medikaments im Blut eines Menschen kann beschrieben werden durch die Funktion f mit $f(t) = 10t \cdot e^{-0{,}25 \cdot t}$. Dabei wird t in Stunden seit der Einnahme und f(t) in Milligramm pro Liter gemessen.**

a) Zeigen Sie, dass $F(t) = -40 \cdot e^{-0{,}25 \cdot t}(t + 4)$ eine Stammfunktion von f ist.

b) Wie hoch ist die mittlere Konzentration des Medikaments in den ersten 15 Stunden seit Beginn der Einnahme?

10 **a) Berechnen Sie das Integral $\int_0^{8\pi} 3 \cdot \sin\left(\frac{1}{4}x\right) dx$.**

b) Berechnen Sie den Flächeninhalt, der zwischen der Funktion f mit $f(x) = 3 \cdot \sin\left(\frac{1}{4}x\right)$ und der x-Achse im Intervall $[0 ; 8\pi]$ eingeschlossen wird.

c) Deuten Sie die Ergebnisse aus a) und b) anschaulich, wenn die Funktion f den momentanen Wasserzufluss eines Gezeitenkraftwerks (in $1000\,m^3$ pro Stunde; $x = 0$: Normalnull und Flut) beschreibt.

Rotationsvolumen

Tipp

Was ist das Rotationsvolumen?

Dreht sich der Graph einer Funktion f im Intervall [a ; b] **um die x-Achse**, entsteht die Oberfläche eines Körpers. Das **Rotationsvolumen** dieses Körpers kann berechnet werden mit

$$\mathbf{V = \pi \cdot \int_a^b (f(x))^2\,dx.}$$

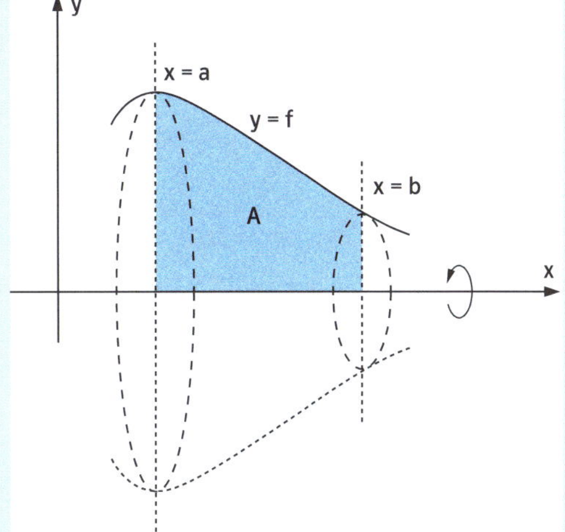

Achtung:
Rotiert eine Fläche zwischen zwei Graphen um die x-Achse, entsteht ein sogenannter Hohlkörper. Dann muss man das Volumen des „inneren" Körpers von dem des „äußeren" Körpers subtrahieren und es gilt:

$$\mathbf{V = \pi \cdot \int_a^b (f(x))^2\,dx - \pi \cdot \int_a^b (g(x))^2\,dx}$$

mit $f(x) \geq g(x)$.

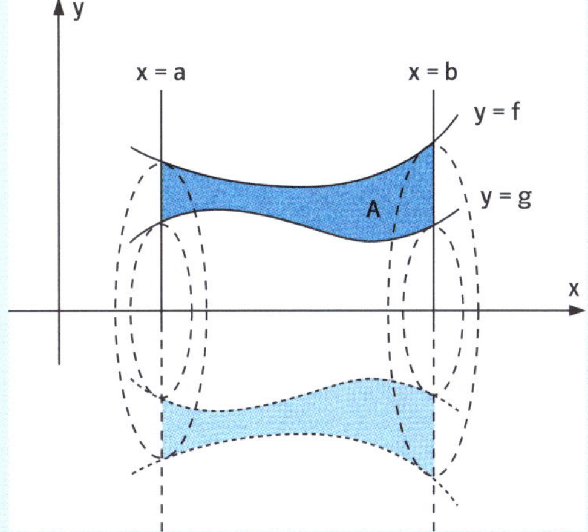

Beachte:
Mit der Formel $V = \pi \int_a^b (f(x) - g(x))^2\,dx$ wird **nicht** das Rotationsvolumen des Hohlkörpers berechnet, denn die Rotation des Graphen der Differenzfunktion entspricht nicht der Differenz der Rotation der beiden Graphen.

Tipp

Beispiel 1: Rotationskörper beschreiben

Gegeben ist eine Funktion f mit $f(x) = \sqrt{x}$.
Beschreiben Sie, welcher Körper entsteht, wenn der Graph von f im Intervall [0 ; 4] um die x-Achse rotiert.

1. Skizzieren Sie den Graphen von f. Markieren Sie die Grenzen und deuten Sie die Drehung an.

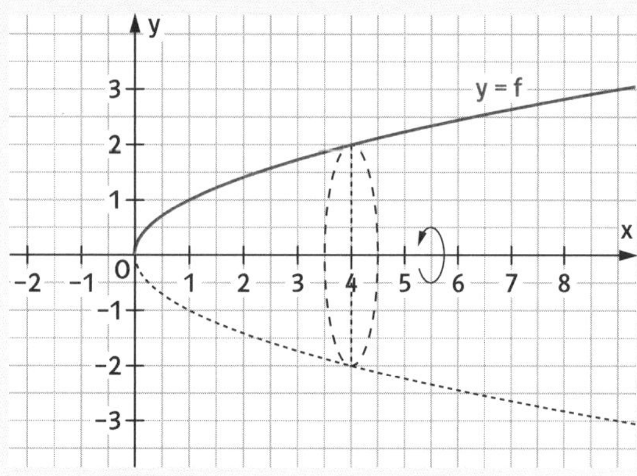

2. Beschreiben Sie den Körper.

Es entsteht eine Art „Sektkelch" ohne Stil.
Höhe des „Kelches": 4 LE
Radius der Öffnung: 2 LE

Beispiel 2: Das Rotationsvolumen berechnen

Gegeben ist eine Funktion f mit $f(x) = -x + 4$.
Bestimmen Sie das Rotationsvolumen des Körpers, der entsteht, wenn der Graph von f im Intervall [0 ; 2] um die x-Achse rotiert.

1. Bestimmen Sie $(f(x))^2$. Beachten Sie dabei die binomischen Formeln.

$$(f(x))^2 = (-x + 4)^2 = x^2 - 8x + 16$$

2. Berechnen Sie V mit $V = \pi \int_a^b (f(x))^2 \, dx$.

$$V = \pi \int_0^2 (f(x))^2 \, dx$$
$$= \pi \int_0^2 (x^2 - 8x + 16) \, dx$$
$$= \pi \left[\tfrac{1}{3}x^3 - 4x^2 + 16x\right]_0^2$$
$$= \pi \left(\tfrac{8}{3} - 16 + 32\right) = \tfrac{56}{3}\pi$$
$$\approx 58{,}6 \text{ VE}$$

Das Rotationsvolumen beträgt ca. 58,6 VE.

11 **Mit $V = \pi \int_0^2 (x+1)^2\,dx$ wird das Volumen eines Körpers berechnet.**
Beschreiben Sie den Körper.

12 **Skizzieren Sie den Graphen der Funktion f.**
Berechnen Sie das Volumen des entstehenden Drehkörpers, wenn die Fläche zwischen dem Graphen und der x-Achse über [a ; b] um die x-Achse rotiert.

a) $f(x) = \frac{1}{4}x^2 + 2$; $a = 0$; $b = 4$

b) $f(x) = 2\sqrt{x-1}$; $a = 1$; $b = 5$

c) $f(x) = 2 \cdot e^{0{,}25x}$; $a = 0$; $b = 4$

d) $f(x) = 3\sqrt{\sin(x)}$; $a = 0$; $b = \pi$

13 **Skizzieren Sie den Graphen der Funktion f.**
Berechnen Sie das Volumen des entstehenden Drehkörpers, wenn die Fläche zwischen dem Graphen und der x-Achse um die x-Achse rotiert.

a) $f(x) = 4 - x^2$

b) $f(x) = x^2 - \frac{1}{4}x^3$

c) $f(x) = 0{,}25x\sqrt{9-x}$

14 **Die Fläche zwischen den Graphen von f und g über [a ; b] rotiert um die x-Achse.**
Skizzieren Sie die Graphen und berechnen Sie das Volumen.

a) $f(x) = 4\sqrt{x+1}$; $g(x) = x^2 + 1$; $a = 0$; $b = 2$

b) $f(x) = 5 + e^{-0{,}5x}$; $g(x) = 4 - e^{-x}$; $a = 0$; $b = 5$

c) $f(x) = 0{,}1x^2 + 5$; $g(x) = e^{-x} + 1$; $a = 1$; $b = 4$

15 **Der Graph der Funktion f mit $f(x) = \frac{1}{2}\sqrt{2(x^2+1)}$ begrenzt mit den Koordinatenachsen und der Geraden mit der Gleichung $x = 6$ eine Fläche.**
Bestimmen Sie das Volumen V des Rotationskörpers, der entsteht, wenn diese Fläche um die x-Achse rotiert.

Unbestimmte Integrale

Das **unbestimmte Integral** ordnet einer Funktion f alle Stammfunktionen F(x) + c zu.
Deshalb schreibt man das unbestimmte Integral mit dem Integralzeichen, aber ohne obere und untere Grenze:

$$\int \mathbf{f(x)\,dx}.$$

Dabei gilt $F'(x) = f(x)$.

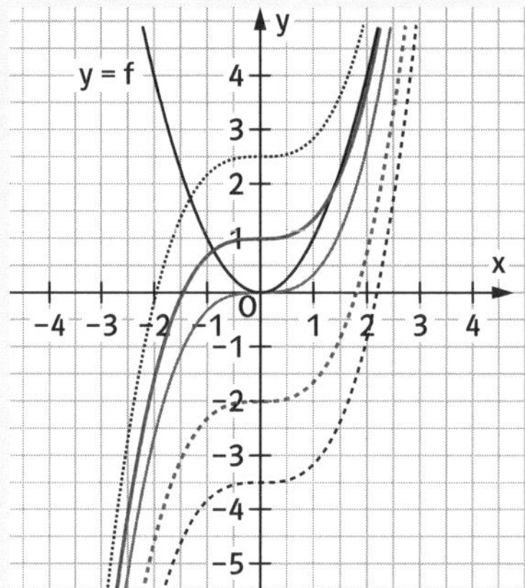

$f(x) = x^2;\ F(x) = \frac{1}{3}x^3 + c$

Der Graph von

- k gehört zur Stammfunktion $F(x) = \frac{1}{3}x^3 + 1$;
- l gehört zu $F(x) = \frac{1}{3}x^3 + 2{,}5$;
- i gehört zu $F(x) = \frac{1}{3}x^3 - 3{,}5$.

Tipp

Besitzt eine Funktion eine Stammfunktion, dann hat sie immer unendlich viele Stammfunktionen. Anschaulich entspricht dies den Graphen der Funktionen, deren Verlauf gleich ist, die aber im Koordinatensystem nach oben oder unten verschoben sind.

Beispiel: Unbestimmte Integrale angeben

Geben Sie für $\int (5x-3)^2\,dx$ einen integralfreien Term an.

Ein unbestimmtes Integral zu bestimmen, bedeutet, eine Stammfunktion des Integranden zu finden.

1. Bestimmen Sie eine Stammfunktion mithilfe der Integrationsregeln.

   $f(x) = (5x-3)^2$

   $F(x) = \frac{1}{3}\cdot\frac{1}{5}(5x-3)^3 = \frac{1}{15}(5x-3)^3$

2. Notieren Sie die Menge aller Stammfunktionen, indem Sie den Funktionsterm um +c ergänzen.

   $\int (5x-3)^2\,dx = \frac{1}{15}(5x-3)^3 + c$

16 **Geben Sie einen integralfreien Term an.**

a) $\int \frac{4}{3}(2-4x)^3\,dx$ b) $\int 4e^{3x} - \frac{2}{e^{2x}}\,dx$ c) $\int 3(x-2)^{-1}\,dx$

Integrale in der Stochastik – Normalverteilung

Tipp

Was sind diskrete Zufallsgrößen?

Bei einer diskreten Zufallsgröße X können die zugehörigen Werte durchnummeriert werden. Die zugehörige Wahrscheinlichkeitsverteilung von X besteht aus endlich vielen Zufallsgrößen, denen eine Wahrscheinlichkeit zugeordnet wird, wie z. B. bei der Binomialverteilung.

Wie kann man diskrete Wahrscheinlichkeiten als Flächen darstellen?

Die Wahrscheinlichkeiten einer diskreten Wahrscheinlichkeitsverteilung wie z. B. der Binomialverteilung können in einer Tabelle aufgelistet und als Rechteckflächen in einem Histogramm dargestellt werden.

Ist die Breite der Rechtecke jeweils 1, gilt:

- Die Fläche von jedem Rechteck entspricht der zugehörigen Wahrscheinlichkeit und damit dem Wert der Höhe.
- Die Gesamtfläche aller Rechtecke beträgt 1.

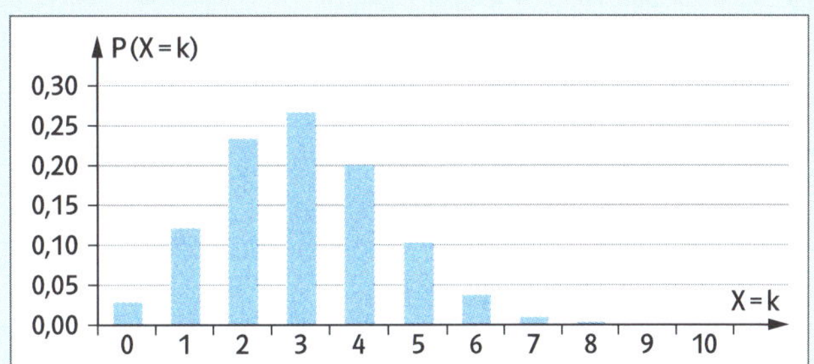

Stetige Wahrscheinlichkeitsverteilungen und ihre Darstellung (Gauß'sche Glockenkurve)

Eine **stetige Zufallsgröße X** kann als Wert jede reelle Zahl annehmen. Die zugehörige Wahrscheinlichkeitsverteilung von X kann mithilfe der sogenannten Wahrscheinlichkeitsdichte oder Dichtefunktion modelliert werden.
Wie bei einer (stetigen) Funktion auch kann man die zugehörigen Wahrscheinlichkeiten als Kurve darstellen.

Mathematisch kann man ein Histogramm beliebig verfeinern, d. h. die Breite der Rechtecke wird immer kleiner, und als Randkurve durch einen stetigen Graphen ersetzen.
Der zugehörige Definitionsbereich sind dann keine ganzen Zahlen mehr, sondern alle reellen Zahlen in einem bestimmten Intervall.

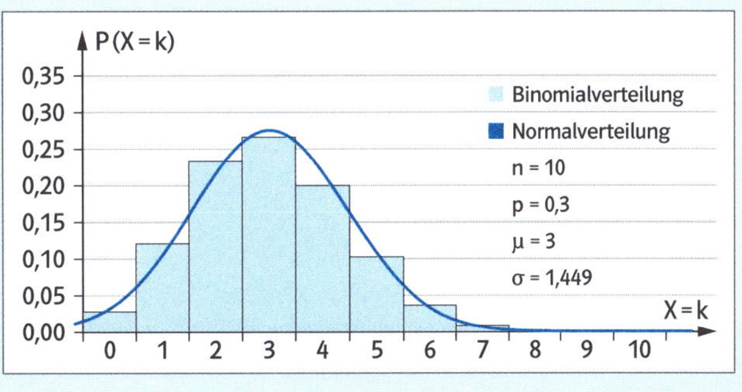

Tipp

Da bei solch einer Randkurve die Breite der Rechtecke null ist, erhält man für die einzelnen Wahrscheinlichkeiten ebenfalls den Wert 0, obwohl der Flächeninhalt unter dem Graphen immer noch den Wert 1 hat. Die zugehörigen Wahrscheinlichkeiten muss man also mit dem Integral berechnen.

Das entspricht in der Analysis der Rekonstruktion eines Bestandes aus einer Änderungsrate.

Beispiel: Begründen Sie, welche Zufallsgrößen diskret, welche stetig sind.

a) Zahl, die bei Lotto gezogen wird. — Diese Zufallsgröße ist diskret, da beim Lotto nur ganze Zahlen von 1 bis 49 gezogen werden können.

b) Körpergröße — Die Zufallsgröße kann als stetig aufgefasst werden, da die Körpergröße nicht nur aus ganzzahligen Werten besteht.

Was ist die Normalverteilung?

Die Normalverteilung (auch Gauß'sche Normalverteilung oder einfach nur Gauß-Verteilung genannt) ist eine der wichtigsten (stetigen) Wahrscheinlichkeitsverteilungen.

Die Funktion φ mit $\varphi_{\mu;\sigma}(x) = \frac{1}{\sigma \cdot \sqrt{2\pi}} \cdot e^{-\frac{(x-\mu)^2}{2\sigma^2}}$ heißt Gauß'sche Glockenfunktion mit Erwartungswert μ und Standardabweichung σ.
Ihr Graph wird wegen seiner charakteristischen Form auch (Gauß'sche) Glockenkurve genannt.

Eine stetige Zufallsgröße X heißt normalverteilt, wenn gilt: $P(a \le X \le b) = \int_a^b \varphi_{\mu;\sigma}(x)\,dx$.

Achtung: Die Funktionswerte f(x) sind **keine** Wahrscheinlichkeiten, da gilt: $\int_k^k f(x)\,dx = 0$.

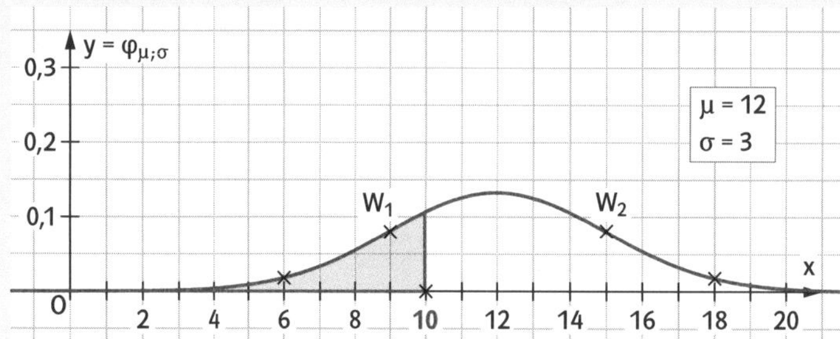

Die Normalverteilung hat folgende Eigenschaften:

- Die Summe aller Wahrscheinlichkeiten ist 1. Damit muss gelten: $\int_{-\infty}^{+\infty} f(x)\,dx = 1$.
- An der Stelle $x_1 = \mu$ (Erwartungswert) hat die Gauß'sche Glockenkurve das Maximum.
- Die Kurve ist achsensymmetrisch zur Geraden $x = \mu$.
- Die Kurve nähert sich asymptotisch der x-Achse für $x \to \pm\infty$.
- Die Kurve hat zwei Wendestellen $x_{1,2} = \mu \pm \sigma$. Der Abstand der Wendestellen vom Erwartungswert μ ist also die Standardabweichung σ.
- Als Faustformel gilt: Die **Standardabweichung** vom Erwartungswert beträgt etwa **68 %**.

Tipp

Beispiel 1: Wahrscheinlichkeiten normalverteilter Zufallsgrößen bestimmen

Berechnen Sie mithilfe des Taschenrechners für die normalverteilte Zufallsgröße mit Erwartungswert $\mu = 25$ und Standardabweichung $\sigma = 5$ die Wahrscheinlichkeit $P(X \leq 20)$.

Eine Normalverteilung hängt von den vier Parametern a, b, μ und σ ab. Taschenrechner haben für die Berechnung von Wahrscheinlichkeiten einen Befehl, der meist „normal cdf", „normal cd" oder „Kumul. Normal-V" heißt.
Geben Sie die zugehörigen Parameter in den Taschenrechner ein.
$P(X \leq 20) \approx 0{,}159$.

Beispiel 2: Eine Glockenkurve skizzieren und Wahrscheinlichkeiten grafisch bestimmen

Gegeben ist eine normalverteilte Zufallsgröße mit Erwartungswert $\mu = 8$ und Standardabweichung $\sigma = 3$.
a) Skizzieren Sie die zugehörige Glockenkurve.
b) Erklären Sie, wie man $P(X \leq 10)$ bestimmen kann.

a) Markieren Sie den Hochpunkt H bei $\mu = 8$.
Mit dem Taschenrechner erhalten Sie das zugehörige Maximum.
Markieren Sie die Wendepunkte W_1 und W_2.
b) $P(X \leq 10)$ entspricht der Fläche zwischen 0 und 10.
Überlegen Sie, welchen Flächeninhalt ein Kästchen hat, in diesem Fall ist es 0,05.
Zählen Sie Kästchen und schätzen Sie den Flächeninhalt ab.

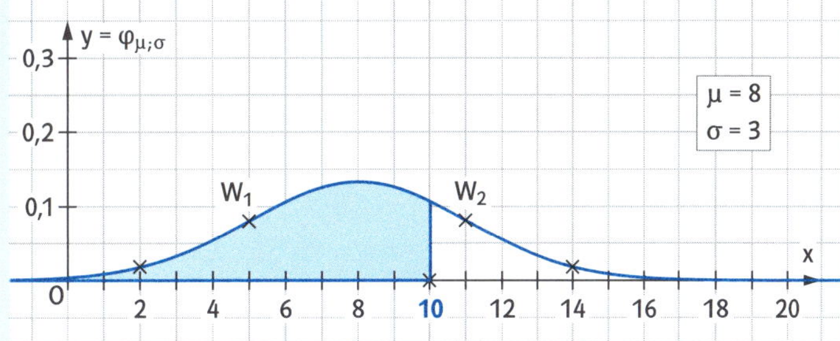

$P(X \leq 10) \approx 0{,}75$

17 **Begründen Sie, welche Zufallsgrößen diskret, welche stetig sind.**

a) Länge von Schrauben

b) Anzahl der Sammelfiguren in Überraschungstüten

c) Gewicht von Schulranzen

18 **Gegeben ist eine normalverteilte Zufallsgröße mit Erwartungswert $\mu = 16$ und Standardabweichung $\sigma = 2$.**

a) Skizzieren Sie die zugehörige Glockenkurve.

b) Bestimmen Sie $P(X \leq 14)$ näherungsweise mithilfe des Graphen.

19 **Gegeben ist der Graph der Glockenkurve einer normalverteilten Zufallsgröße. Die Parameter μ und σ sind ganzzahlig.**

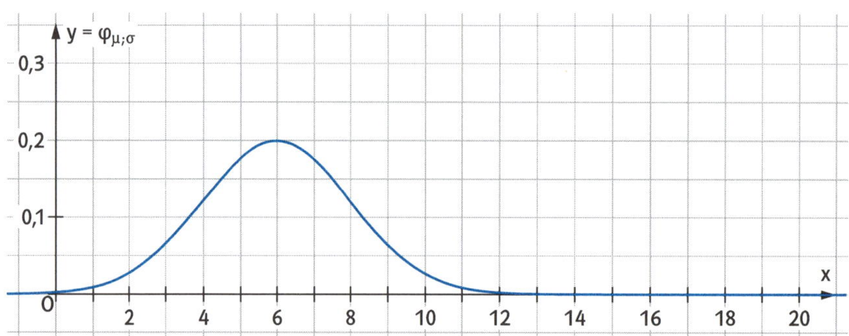

a) Geben Sie μ und σ an.

b) Geben Sie $P(X = 3)$ an.

c) Bestimmen Sie $P(4 \leq X \leq 9)$ mithilfe des Graphen.

Lösungen

1 Stammfunktionen und Integral

1
1. Markieren Sie mit Geraden parallel zur y-Achse die Stellen, an denen f Extrem- oder Wendestellen, F also eine Nullstelle oder eine Extremstelle hat.
   Also müssen die Geraden durch die Extrem- und Wendepunkte gehen.
2. Markieren Sie die Bereiche, in denen der Graph von f ober- oder unterhalb der x-Achse verläuft, in denen F also monoton steigend oder fallend ist.
3. Schätzen Sie ungefähr die Steigung ab und skizzieren Sie den Graphen von F.

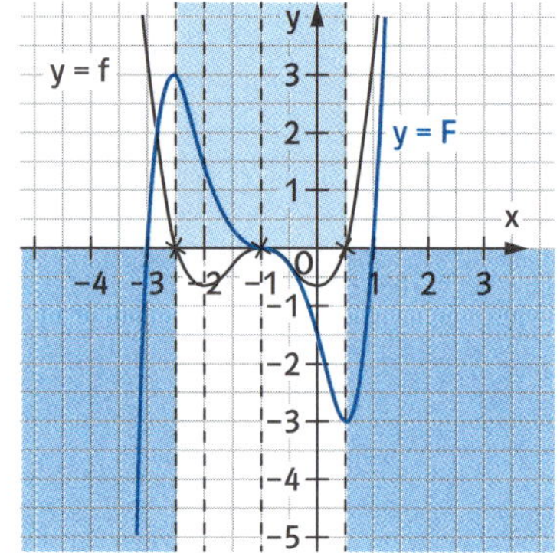

2
1. Markieren Sie mit Geraden parallel zur y-Achse die Stellen, an denen f Extrem- oder Wendestellen, F also eine Nullstelle oder eine Extremstelle hat.
   Also müssen die Geraden durch die Extrem- und Wendepunkte gehen.
2. Markieren Sie die Bereiche, in denen der Graph von f ober- oder unterhalb der x-Achse verläuft, in denen F also monoton steigend oder fallend ist.
3. Schätzen Sie ungefähr die Steigung ab und skizzieren Sie den Graphen von F.

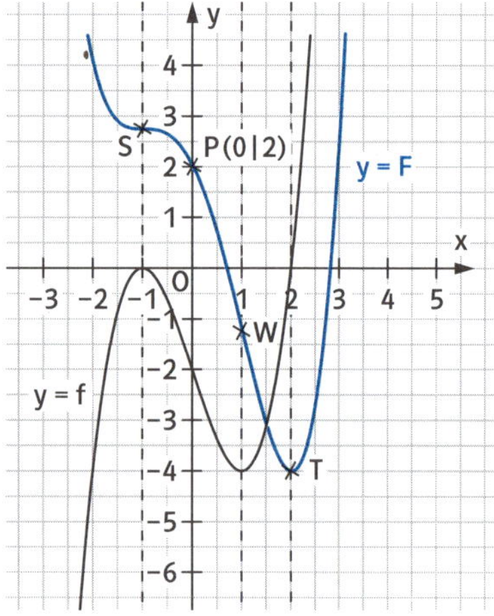

3 Graph I gehört zur Funktion, Graph II zur Stammfunktion, da Graph I an der Stelle $x_0 = 0$ eine Nullstelle mit Vorzeichenwechsel von – nach + hat und Graph II dort einen Tiefpunkt.

4 Betrachten Sie Extrem- und Nullstellen. Eine Extremstelle wird bei der Ableitung zu einer Nullstelle. Eine Nullstelle wird bei der Stammfunktion zu einer Extremstelle. Beachten Sie auch das Monotonieverhalten.
Abb. 1 muss zur Funktion f gehören, da die doppelte Nullstelle $x = 0$ zu einer Nullstelle mit VZW von + nach – in der Ableitung wird.
Damit gehört Abb. 3 zum Graphen der Ableitungsfunktion f′.
Der Graph von Abb. 2 gehört zu einer Stammfunktion F von f. Der Graph von F ist monoton fallend für alle x, d. h. für die Funktion f muss gelten: $f(x) \leq 0$ für alle x.

5 a) wahr
Der Graph von f hat an der Stelle $x = -1$ einen Sattelpunkt, also Steigung null, und ist monoton fallend, deshalb hat F dort eine doppelte Nullstelle.
b) falsch
F ist monoton fallend für $x < 2$ und monoton steigend für $x > 2$, deshalb ist $f(x) > 0$ für $x > 2$.
c) falsch
F ist monoton steigend für $x > 2$, und f hat an der Stelle $x = 3$ keinen Sattelpunkt. Deshalb kann der Graph von F keinen Tiefpunkt an der Stelle $x = 3$ haben.

6 a) wahr
f hat eine doppelte Nullstelle bei $x = 2$.
b) falsch
Für $0 < x < 2$: $f(x) > 0$ ist F monoton steigend.
c) wahr
Da $f(x) > 0$ für $-2 \leq x \leq -1$, ist F dort monoton steigend in diesem Intervall und damit $F(-2) < F(-1)$.
d) wahr
$f(-4{,}5) = -4$ und an der Stelle $x = -4$ hat f eine Nullstelle mit Vorzeichenwechsel von − nach +.

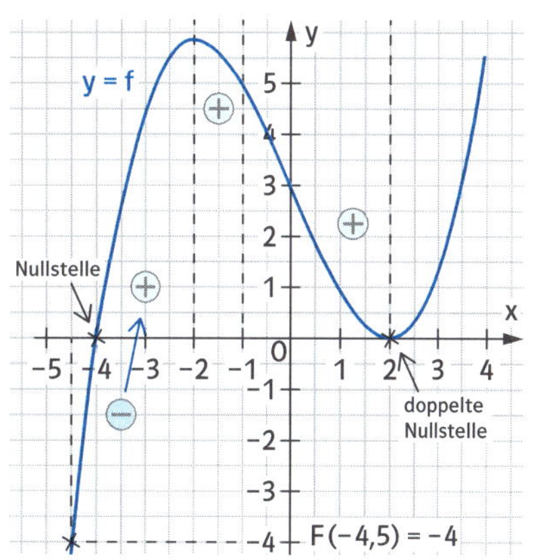

7 Gehen Sie so vor:
- Übersetzen Sie den Text in mathematische Zusammenhänge.
- Beschreiben Sie, was jede der Bedingungen für den Graphen einer Funktion F bedeuten.

① Der Graph geht durch den Punkt P(0 | 2).

② An der Stelle $x = 0$ ist die Steigung negativ, der Graph also monoton fallend.

③ An der Stelle $x = 2$ hat der Graph die (Tangenten-)Steigung 0.

④ $F(2) > 0$ und der Graph von f ist für $x > 2$ streng monoton steigend.

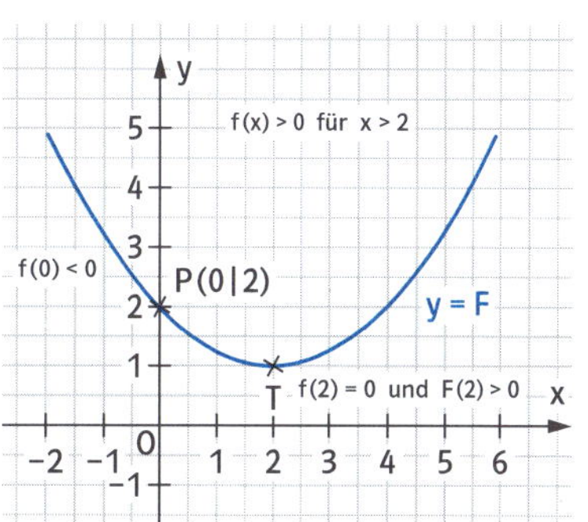

8 a) $F(x) = \frac{1}{4}x^4$ b) $F(x) = \frac{1}{8}x^8 + 2x$ c) $F(x) = -\frac{1}{2}x^{-2}$

d) $F(x) = -\frac{1}{6}x^{-6}$ e) $F(x) = -\frac{1}{3} \cdot \frac{1}{x^3} - x$ f) $F(x) = -\frac{1}{5} \cdot \frac{1}{x^5}$

g) $F(x) = -2x^{-2}$ h) $F(x) = \frac{2}{x^6}$ i) $F(x) = 2 \cdot \ln(x) + 4x$

j) $F(x) = \frac{1}{3}x^6 - \frac{3}{5}x^5 + x^3 - x$ k) $F(x) = \frac{1}{8}x^4 - \frac{2}{9}x^3 - \frac{3}{8}x^2$ l) $F(x) = \ln(x) + \frac{1}{2}x^4 + 5x$

9 a) $F(x) = 4e^x$

b) $F(x) = -5e^x + 2x$

c) $F(x) = -\frac{1}{4}\cos(x)$

d) $F(x) = 2\sin(x)$

e) $F(x) = \frac{1}{4}x^2 + 3e^x$

f) $F(x) = 2e^x + \frac{1}{2}\cos(x)$

g) $F(x) = \frac{1}{2}e^x - 3\cos(x)$

h) $F(x) = -3e^x + \cos(x)$

i) $F(x) = -2\cos(x) - \frac{1}{5}\sin(x)$

10 a) Es ist $g(x) = \frac{1}{2}x^2 + \frac{5}{x^2} - 2 + \sqrt{x}$
$= \frac{1}{2}x^2 + 5 \cdot x^{-2} - 2 + x^{\frac{1}{2}}.$

Dann folgt: $G(x) = \frac{1}{2 \cdot 3}x^3 + \frac{5}{-1}x^{-1} - 2x + \frac{1}{\frac{3}{2}} \cdot x^{\frac{3}{2}}$
$= \frac{1}{6}x^3 - \frac{5}{x} - 2x + \frac{2}{3}x\sqrt{x}$ oder $G(x) + c$ für jede beliebige Zahl c.

b) $H(x) = \ln|x|$ oder $H(x) + c$ für jede beliebige Zahl c,
wobei ln die natürliche Logarithmusfunktion ist.

11 a) $F(x) = \frac{1}{4}(2x-3)^4 \cdot \frac{1}{2} = \frac{1}{8}(2x-3)^4$

b) $F(x) = \frac{2}{3} \cdot \frac{1}{6}(3-4x)^6 \cdot \left(-\frac{1}{4}\right) = -\frac{1}{36}(3-4x)^6$

c) $F(x) = 6e^{3-\frac{4}{5}x} \cdot \left(-\frac{5}{4}\right) = -\frac{15}{2}e^{3-\frac{4}{5}x}$

d) $F(x) = -\frac{1}{2}\cos(2x+1)$

e) $F(x) = -\sin(1-\pi x)$

f) $F(x) = \frac{1}{2}\ln(2x-1)$

12 a) $F(x) = -\cos(x)$ oder $F(x) + c$ für jede beliebige Zahl c.

b) $G(x) = \frac{1}{2}\sin(2x+1) - \frac{2}{5}\cos(5x)$ oder $G(x) + c$ für jede beliebige Zahl c.

c) $H(x) = \frac{1}{32} \cdot (4x-3)^8$ oder $H(x) + c$ für jede beliebige Zahl c.

13 a) $F(x) = -\frac{1}{12}(2-4x)^4 + c$; $F(1) = 0$; $-\frac{1}{12}(-2)^4 + c = 0$; $c = \frac{4}{3}$

$F(x) = -\frac{1}{12}(2-4x)^4 + \frac{4}{3}$

b) $F(x) = 4 \cdot e^{3x} \cdot \frac{1}{3} - 2 \cdot e^{-2x} \cdot \left(-\frac{1}{2}\right) + c$
$= \frac{4}{3}e^{3x} + e^{-2x} + c;$

$F(0) = 2$; $\frac{4}{3}e^0 + e^0 + c = 2$; $c = -\frac{1}{3}$

$F(x) = \frac{4}{3}e^{3x} + e^{-2x} - \frac{1}{3}$

c) $F(x) = 3 \cdot \ln|x-2| + c$; $F(5) = 1$; $3 \cdot \ln(3) + c = 1$; $c = 1 - 3 \cdot \ln(3)$

$F(x) = 3 \cdot \ln|x-2| + 1 - 3 \cdot \ln(3)$

14 a) $F(x) = -5ex + c$

$F(0) = -5 + c$

Mit der Bedingung $F(0) = -5$ ergibt sich: $-5 + c = -5$.

Also ist $c = 0$ und damit $F(x) = -5e^x$.

b) $F(x) = 4 \cdot \frac{1}{2}e^{2x} - (-1) \cdot 3e^{-x} + c = 2e^{2x} + 3e^{-x} + c$

$F(0) = 2 + 3 + c = 5 + c$

Mit der Bedingung $F(0) = 2$ ergibt sich $5 + c = 2$.

Also ist $c = -3$ und damit $F(x) = 2e^{2x} + 3e^{-x} - 3$.

c) $F(x) = 6 \cdot \frac{1}{3} \cdot e^{3x} + x + c = 2e^{3x} + x + c$

$F(\ln(2)) = 2 \cdot e^{3\ln(2)} + \ln(2) + c = 2 \cdot e^{\ln(2^3)} + \ln(2) + c = 2 \cdot 2^3 + \ln(2) + c = 2^4 + \ln(2) + c$

Mit der Bedingung $F(\ln(2)) = \ln(2)$ ergibt sich $2^4 + \ln(2) + c = \ln(2)$.

Also ist $c = -16$ und damit $F(x) = 2e^{3x} + x - 16$.

15 a) $F'(x) = -1 \cdot (-1) \cdot (1 + e^x)^{-2} \cdot e^x$

$= \frac{e^x}{(1 + e^x)^2}$

$= f(x)$

b) $F'(x) = 1 \cdot e^{\frac{1}{2}x} + (x - 6) \cdot e^{\frac{1}{2}x} \cdot \frac{1}{2}$

$= e^{\frac{1}{2}x}\left(1 + \frac{1}{2}x - 3\right)$

$= e^{\frac{1}{2}x}\left(\frac{1}{2}x - 2\right)$

$= f(x)$

c) $F'(x) = -1 \cdot e^{2-x} + (-x - 1) \cdot e^{2-x} \cdot (-1)$

$= e^{2-x}(-1 + x + 1)$

$= x \cdot e^{2-x}$

$= f(x)$

d) $F'(x) = -1 \cdot e^{-x} + (-x - 2) \cdot e^{-x} \cdot (-1)$

$= e^{-x}(-1 + x + 2)$

$= e^{-x} \cdot (x + 1)$

$= f(x)$

16 a) $F'(x) = -1 \cdot \cos(x) + (-x) \cdot (-\sin(x)) + \cos(x)$

$= x \cdot \sin(x)$

$= f(x)$

b) $F'(x) = \frac{1}{2} \cdot 2\sin(x) \cdot \cos(x)$

$= \sin(x) \cdot \cos(x)$

$= f(x)$

c) $F'(x) = \frac{1}{2}[1 - (\cos(x) \cdot \cos(x) + \sin(x) \cdot (-\sin(x)))]$

$= \frac{1}{2}(1 - \cos^2(x) + \sin^2(x))$

$= \frac{1}{2}(1 - (1 - \sin^2(x)) + \sin^2(x))$

$= \frac{1}{2} \cdot 2\sin^2(x)$

$= \sin^2(x) = f(x)$

17 a) $F'(x) = x \cdot \left(\ln(x) - \frac{1}{2}\right) + \frac{1}{2}x^2 \cdot \frac{1}{x}$

$= x\ln(x) - \frac{1}{2}x + \frac{1}{2}x$

$= x\ln(x)$

$= f(x)$

b) $F'(x) = \frac{1}{2} \cdot \frac{x+4}{x+2} \cdot \frac{x+4-(x+2)}{(x+4)^2}$

$= \frac{1}{2} \cdot \frac{2}{(x+2)\cdot(x+4)}$

$= \frac{1}{(x+2)\cdot(x+4)}$

$= f(x)$

c) $F'(x) = \frac{1}{9} \cdot 3x^2(5 - 3 \cdot \ln(x^2)) + \frac{1}{9}x^3 \cdot \left(-3 \cdot \frac{1 \cdot 2x}{x^2}\right)$

$= \frac{1}{3}x^2(5 - 3 \cdot \ln(x^2)) - \frac{2}{3}x^2$

$= x^2 - x^2 \cdot \ln(x^2)$

$= f(x)$

18 a) $\int_1^3 x^2\,dx = \left[\frac{1}{3}x^3\right]_1^3 = \frac{1}{3} \cdot 27 - \frac{1}{3} \cdot 1 = 9 - \frac{1}{3} = 8\frac{2}{3}$

b) $\int_1^2 2x^3\,dx = \left[\frac{1}{4} \cdot 2x^4\right]_1^2 = 8 - \frac{1}{2} = 7\frac{1}{2}$

c) $\int_0^2 x^2 + x^3\,dx = \left[\frac{1}{3}x^3 + \frac{1}{4} \cdot x^4\right]_0^2 = \frac{1}{3} \cdot 8 + \frac{1}{4} \cdot 16 - 0 = \frac{20}{3} = 6\frac{2}{3}$

d) $\int_0^2 \sin\left(\frac{1}{2}x\right)dx = \left[-2\cos\left(\frac{1}{2}x\right)\right]_0^2 = 0 - (-2 \cdot 1) = 2$

e) $\int_1^4 2\sqrt{x}\,dx = \left[2 \cdot \frac{2}{3}x^{\frac{3}{2}}\right]_1^4 = \left[\frac{4}{3}x \cdot \sqrt{x}\right]_1^4 = \frac{4}{3} \cdot 4 \cdot 2 - \frac{4}{3} = 9\frac{1}{3}$

f) $\int_1^2 \frac{1}{x^3}\,dx = \left[-\frac{1}{x^2}\right]_1^2 = -\frac{1}{4} + 1 = \frac{3}{4}$

19 a) $\int_1^2 x^{-2} + \cos\left(\frac{1}{2}x\right) dx = \left[-x^{-1} + 2\sin\left(\frac{1}{2}x\right)\right]_1^2$

$= \left[-\frac{1}{x} + 2\sin\left(\frac{1}{2}x\right)\right]_1^2$

$= -\frac{1}{2} + 2\sin(1) - \left(-1 + 2\sin\left(\frac{1}{2}\right)\right)$

$= -\frac{1}{2} + 2 + 1 - 2\sin\left(\frac{1}{2}\right)$

$= 2{,}5 - 2\sin\left(\frac{1}{2}\right) \approx 1{,}22$

b) $\int_1^4 \sqrt{x} - 2\,dx = \left[\frac{2}{3}x^{\frac{3}{2}} - 2x\right]_1^4 = \left[\frac{2}{3}x \cdot \sqrt{x} - 2x\right]_1^4 = -\frac{4}{3}$

c) $\int_0^{\pi} x - \sin(x)\,dx = \left[\frac{1}{2}x^2 + \cos(x)\right]_0^{\pi} = \frac{\pi^2}{2} - 2$

d) $\int_0^{\ln(2)} e^{2x} dx = \left[\frac{1}{2}e^{2x}\right]_0^{\ln(2)} = \frac{3}{2}$

e) $\int_0^1 (2x-1)^3 dx = \left[\frac{1}{2} \cdot \frac{1}{4}(2x-1)^4\right]_0^1 = \left[\frac{1}{8}(2x-1)^4\right]_0^1 = 0$

f) $\int_4^9 \frac{1}{\sqrt{x}} + 2\,dx = [2\sqrt{x} + 2x]_4^9 = 12$

20 $\int_0^3 \left(\frac{1}{3}x - 1\right)^2 dx = \left[\frac{1}{3} \cdot 3\left(\frac{1}{3}x - 1\right)^3\right]_0^3$

$= \left[\left(\frac{1}{3}x - 1\right)^3\right]_0^3$

$= 0 - (-1) = 1$

21 $\int_0^{\ln(2)} 2e^{2x} dx = \left[\frac{1}{2} \cdot 2e^{2x}\right]_0^{\ln(2)}$

$= [e^{2x}]_0^{\ln(2)}$

$= e^{2 \cdot \ln(2)} - e^0$

$= 4 - 1$

$= 3$

22 $\int_2^b \left(\frac{1}{2}x - 1\right)^3 dx = \left[\frac{1}{4} \cdot 2\left(\frac{1}{2}x - 1\right)^4\right]_2^b$

$= \left[\frac{1}{2}\left(\frac{1}{2}x - 1\right)^4\right]_2^b$

$= \frac{1}{2}\left(\frac{1}{2}b - 1\right)^4 - 0$

$= \frac{1}{2}$, also $b = 4$

23 a) $\int x(x-3)^4 dx = x \cdot \frac{1}{5}(x-3)^5 - \int \frac{1}{5}(x-3)^5 dx$

$= \frac{1}{5}x(x-3)^5 - \frac{1}{5} \cdot \frac{1}{6}(x-3)^6$

$= (x-3)^5 \cdot \left(\frac{1}{6}x + \frac{1}{10}\right)$

b) $\int -2x \cdot e^{-x} dx = 2x \cdot e^{-x} - \int 2 \cdot e^{-x} dx$

$= 2xe^{-x} + 2e^{-x}$

$= e^{-x}(2x+2)$

c) $\int x \cdot \sin(x) dx = -x \cdot \cos(x) + \int \cos(x) dx$

$= -x \cdot \cos(x) + \sin(x)$

d) $\int \frac{1}{x} \cdot \ln(x) dx = \ln(x) \cdot \ln(x) - \int \frac{1}{x} \cdot \ln(x) dx$

$2\int \frac{1}{x} \cdot \ln(x) dx = \ln^2(x)$

$\int \frac{1}{x} \cdot \ln(x) dx = \frac{1}{2} \cdot \ln^2(x)$

24 a) $\int 4x \cdot e^{1-x^2} dx = -2\int e^z dz$

$= -2e^z$

$= -2e^{1-x^2}$

$1 - x^2 = z; \quad z' = -2x$

b) $\int x^2 \cdot e^{x^3+1} dx = \frac{1}{3}\int e^z dz$

$= \frac{1}{3}e^z$

$= \frac{1}{3}e^{x^3+1}$

$x^3 + 1 = z; \quad z' = 3x^2$

c) $\int \frac{x}{4x^2-3} dx = \frac{1}{8}\int \frac{8x}{4x^2-3} dx$

$= \frac{1}{8}\ln(|4x^2-3|)$

25 a) $\int x \cdot e^{2x} dx = \frac{1}{2}x \cdot e^{2x} - \frac{1}{2}\int e^{2x} dx$

$= \frac{1}{2}xe^{2x} - \frac{1}{4} \cdot e^{2x}$

$= e^{2x}\left(\frac{1}{2}x - \frac{1}{4}\right)$

$\int_0^1 x \cdot e^{2x} dx = \left[e^{2x}\left(\frac{1}{2}x - \frac{1}{4}\right)\right]_0^1$

$= e^2\left(\frac{1}{2} - \frac{1}{4}\right) + \frac{1}{4}$

$= \frac{1}{4}e^2 + \frac{1}{4} \approx 2{,}097$

b) $\int 4x(3-2x)^6 dx = 4x \cdot \left(-\frac{1}{14}(3-2x)^7\right) + \frac{2}{7}\int (3-2x)^7 dx$

$= -\frac{2}{7}x(3-2x)^7 - \frac{1}{56}(3-2x)^8$

$= (3-2x)^7 \cdot \left(-\frac{2}{7}x - \frac{1}{56}(3-2x)\right)$

$= (3-2x)^7 \cdot \left(-\frac{2}{7}x - \frac{3}{56} + \frac{1}{28}x\right)$

$= (3-2x)^7 \cdot \left(-\frac{1}{4}x - \frac{3}{56}\right)$

$\int_{-1}^{1} 4x(3-2x)^6 dx = \left[(3-2x)^7 \cdot \left(-\frac{1}{4}x - \frac{3}{56}\right)\right]_{-1}^{1} = \left(-\frac{1}{4} - \frac{3}{56}\right) - \left(5^7 \cdot \left(\frac{1}{4} - \frac{3}{56}\right)\right)$

$= -\frac{17}{56} - 5^7 \cdot \frac{11}{56}$

$\approx -15\,346{,}29$

c) $\int \frac{6x}{(4+3x^2)^2} dx = \int \frac{1}{z^2} dz$

$= -\frac{1}{z} = -\frac{1}{4+3x^2}$

$4 + 3x^2 = z; \quad z' = 6x$

$\int_{-1}^{1} \frac{6x}{(4+3x^2)^2} dx = \left[-\frac{1}{4+3x^2}\right]_{-1}^{1}$

$= -\frac{1}{7} + \frac{1}{7} = 0$

d) $\int \frac{e^{-x}}{2+3e^{-x}} dx = -\frac{1}{3}\int \frac{1}{z} dz$

$= -\frac{1}{3}\ln|z|$

$= -\frac{1}{3}\ln|2+3e^{-x}|$

$2 + 3e^{-x} = z; \quad z' = -3e^{-x}$

$\int_{-1}^{2} \frac{e^{-x}}{2+3e^{-x}} dx = \left[-\frac{1}{3}\ln(2+3e^{-x})\right]_{-1}^{2}$

$= -\frac{1}{3}\ln(2+3e^{-2}) + \frac{1}{3}\ln(2+3e)$

$\approx 0{,}48$

e) $\int \frac{x}{x^2+4} dx = \frac{1}{2}\int \frac{2x}{x^2+4} dx$

$= \frac{1}{2}\ln(|x^2+4|)$

$\int_{1}^{2} \frac{x}{x^2+4} dx = \left[\frac{1}{2}\ln(|x^2+4|)\right]_{1}^{2}$

$= \frac{1}{2}\ln(8) - \frac{1}{2}\ln(5)$

$\approx 0{,}235$

f) $\int x \cdot \ln(x^2)\,dx = \frac{1}{2}\int \ln(z)\,dz$

$= \frac{1}{2}(z \cdot \ln(z) - z)$

$= \frac{1}{2}x^2 \cdot \ln(x^2) - \frac{1}{2}x^2$

$x^2 = z;\ z' = 2x$

$\int_{-1}^{-\frac{1}{e}} x \cdot \ln(x^2)\,dx = \left[\frac{1}{2}x^2 \cdot \ln(x^2) - \frac{1}{2}x^2\right]_{-1}^{-\frac{1}{e}}$

$= \frac{1}{2} \cdot \frac{1}{e^2} \cdot \ln\left(\frac{1}{e^2}\right) - \frac{1}{2} \cdot \frac{1}{e^2} - \frac{1}{2}\ln(1) + \frac{1}{2}$

$= \frac{1}{2e^2} \cdot \ln\left(\frac{1}{e^2}\right) - \frac{1}{2e^2} + \frac{1}{2}$

$= \frac{1}{2e^2} \cdot (\ln(1) - 2 \cdot \ln(e)) - \frac{1}{2e^2} + \frac{1}{2}$

$= -\frac{1}{e^2} - \frac{1}{2e^2} + \frac{1}{2}$

$= \frac{1}{2} - \frac{3}{2e^2}$

$\approx 0{,}297$

26 a) $F(x) = \frac{1}{2}(x+2)^3$

$I_{-1}(x) = \frac{1}{2}(x+2)^3 - \frac{1}{2}(-1+2)^3$

$= \frac{1}{2}(x+2)^3 - \frac{1}{2}$

b) $F(x) = -(2x+1)^{-2}$

$I_0(x) = -(2x+1)^{-2} - (-(1)^{-2})$

$= -(2x+1)^{-2} - 1$

$= \frac{1}{(2x+1)^2} - 1$

27

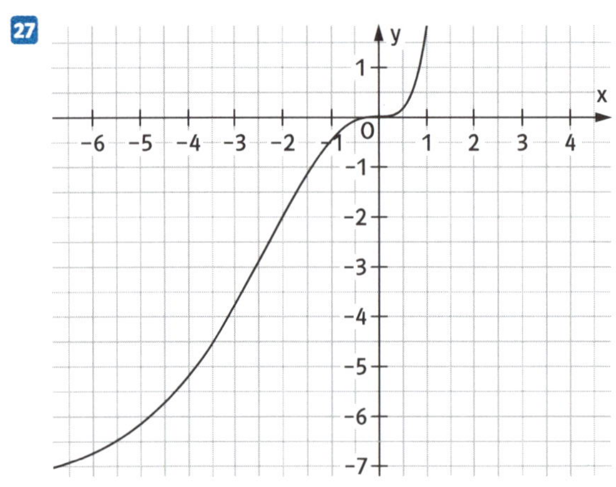

2 Flächenberechnungen

1 a) Nullstellen: $x_1 = 1;\ x_2 = 5$

Stammfunktion: $F(x) = 4x - \frac{1}{3}(x-3)^3$

Flächenberechnung:

$$A = -\int_0^1 (4-(x-3)^2)\,dx + \int_1^5 (4-(x-3)^2)\,dx$$

$$= -\left[4x - \tfrac{1}{3}(x-3)^3\right]_0^1 + \left[4x - \tfrac{1}{3}(x-3)^3\right]_1^5$$

$$= -\left(\left(4+\tfrac{8}{3}\right) - (0+9)\right) + \left(20 - \tfrac{8}{3}\right) - \left(4 + \tfrac{8}{3}\right)$$

$$= 13$$

b) Nullstellen: $1 - e^{2-x} = 0;\ x_1 = 2$

Stammfunktion: $F(x) = x + e^{2-x}$

Flächenberechnung:

$$A = -\int_1^2 (1-e^{2-x})\,dx + \int_2^3 (1-e^{2-x})\,dx$$

$$= -[x+e^{2-x}]_1^2 + [x+e^{2-x}]_2^3$$

$$= -((2+e^0)-(1+e^1)) + (3+e^{-1}) - (2+e^0)$$

$$= -2 + e + \frac{1}{e}$$

$$\approx 1{,}09$$

c) Nullstellen: $\sin\left(x - \frac{\pi}{4}\right) = 0;\ x_1 = \frac{\pi}{4}$

Stammfunktion: $F(x) = -3\cos\left(x - \frac{\pi}{4}\right)$

Flächenberechnung:

$$A = -\int_{-\frac{\pi}{2}}^{\frac{\pi}{4}} 3\cdot\sin\left(x-\tfrac{\pi}{4}\right)dx + \int_{\frac{\pi}{4}}^{\pi} 3\cdot\sin\left(x-\tfrac{\pi}{4}\right)dx$$

$$= -\left[-3\cos\left(x-\tfrac{\pi}{4}\right)\right]_{-\frac{\pi}{2}}^{\frac{\pi}{4}} + \left[-3\cos\left(x-\tfrac{\pi}{4}\right)\right]_{\frac{\pi}{4}}^{\pi}$$

$$= -\left(-3+3\cdot\left(-\tfrac{1}{2}\sqrt{2}\right)\right) + \left(-3\cdot\left(-\tfrac{1}{2}\sqrt{2}\right)+3\right)$$

$$= 6 + 3\sqrt{2}$$

$$\approx 10{,}24$$

d) Nullstellen: $\frac{1}{16}x^3 - x^2 + 3x = 0$; $x(x^2 - 16x + 48) = 0$; $x_1 = 0$; $x_2 = 4$; $x_3 = 12$

Stammfunktion: $F(x) = \frac{1}{64}x^4 - \frac{1}{3}x^3 + \frac{3}{2}x^2$

Flächenberechnung:

$$A = \int_1^4 \left(\frac{1}{16}x^3 - x^2 + 3x\right) dx - \int_4^7 \left(\frac{1}{16}x^3 - x^2 + 3x\right) dx$$

$$= \left[\frac{1}{64}x^4 - \frac{1}{3}x^3 + \frac{3}{2}x^2\right]_1^4 - \left[\frac{1}{64}x^4 - \frac{1}{3}x^3 + \frac{3}{2}x^2\right]_4^7$$

$$= \left(4 - \frac{64}{3} + 24\right) - \left(\frac{1}{64} - \frac{1}{3} + \frac{3}{2}\right) - \left[\left(\frac{2401}{64} - \frac{343}{3} + \frac{147}{2}\right) - \left(4 - \frac{64}{3} + 24\right)\right]$$

$$= \frac{495}{32}$$

e) Nullstellen: $x + \frac{8}{x^2} = 0$; $x^3 = -8$; $x_1 = -2$

Stammfunktion: $F(x) = \frac{1}{2}x^2 - \frac{8}{x}$

Flächenberechnung:

$$A = -\int_{-3}^{-2} \left(x + \frac{8}{x^2}\right) dx + \int_{-2}^{-1} \left(x + \frac{8}{x^2}\right) dx$$

$$= -\left[\frac{1}{2}x^2 - \frac{8}{x}\right]_{-3}^{-2} + \left[\frac{1}{2}x^2 - \frac{8}{x}\right]_{-2}^{-1}$$

$$= -\left((2 + 4) - \left(\frac{9}{2} + \frac{8}{3}\right)\right) + \left(\frac{1}{2} + 8\right) - (2 + 4)$$

$$= \frac{11}{3}$$

2 a) möglicher Verlauf des Graphen:

Nullstellen: $2x^3 - 6x^2 + 4x = 0$

Ausklammern und Mitternachtsformel: $x_1 = 0$; $x_2 = 1$; $x_3 = 2$

$F(x) = \frac{1}{2}x^4 - 2x^3 + 2x^2$

$$A_1 = \int_0^1 2x^3 - 6x^2 + 4x\,dx = \left[\frac{1}{2}x^4 - 2x^3 + 2x^2\right]_0^1 = \frac{1}{2}$$

$$A_2 = \left|\int_0^1 2x^3 - 6x^2 + 4x\,dx\right| = \left|\left[\frac{1}{2}x^4 - 2x^3 + 2x^2\right]_0^1\right| = \left|-\frac{1}{2}\right| = \frac{1}{2}$$

$$A = A_1 + A_2 = \frac{1}{2} + \frac{1}{2} = 1$$

b) möglicher Verlauf des Graphen: 

Nullstellen: $\frac{1}{2}x^4 - 4x^3 + 8x = 0$

Ausklammern und Mitternachtsformel: $x_1 = 0$ und $x_2 = 4$

$F(x) = \frac{1}{10}x^5 - x^4 + \frac{8}{3}x^3$

$$A = \int_0^4 \frac{1}{2}x^4 - 4x^3 + 8x\,dx = \left[\frac{1}{10}x^5 - x^4 + \frac{8}{3}x^3\right]_0^4 \approx 17{,}1$$

3 a) Schnittpunkte: $\frac{12}{x^2} = 4 - \frac{1}{4}x^2$; $x^4 - 16x^2 + 48 = 0$; $x^2 = z$;

$z^2 - 16z + 48 = 0$; $z_1 = \frac{16+8}{2} = 12$; $z_2 = \frac{16-8}{2} = 4$;

$x^2 = 12$; $x_{1,2} = \pm\sqrt{12} = \pm 2\sqrt{3}$; $x^2 = 4$; $x_{3,4} = \pm 2$

Für $x > 0$ sind 2 und $2\sqrt{3}$ die Schnittstellen.

Flächenberechnung:

$$A = \int_2^{2\sqrt{3}} \left(4 - \frac{1}{4}x^2 - \frac{12}{x^2}\right) dx$$
$$= \left[4x - \frac{1}{12}x^3 + \frac{12}{x}\right]_2^{2\sqrt{3}}$$
$$= \left(4 \cdot 2\sqrt{3} - \frac{1}{12} \cdot 12 \cdot 2\sqrt{3} + \frac{6}{\sqrt{3}}\right) - \left(8 - \frac{2}{3} + 6\right)$$
$$= 6\sqrt{3} + \frac{6}{\sqrt{3}} + \frac{2}{3} - 14$$
$$= 6\sqrt{3} + \frac{6}{\sqrt{3}} - \frac{40}{3}$$
$$\approx 0{,}52$$

b) Gleichung der Tangente in B(2|3): $y = -1(x-2) + 3 = -x + 5$

$$A = \int_0^2 \left(-x + 5 - 4 + \frac{1}{4}x^2\right) dx$$
$$= \int_0^2 \left(-x + 1 + \frac{1}{4}x^2\right) dx$$
$$= \left[-\frac{1}{2}x^2 + x + \frac{1}{12}x^3\right]_0^2$$
$$= \left(-2 + 2 + \frac{2}{3}\right) - (0)$$
$$= \frac{2}{3}$$

4 a) Graph:

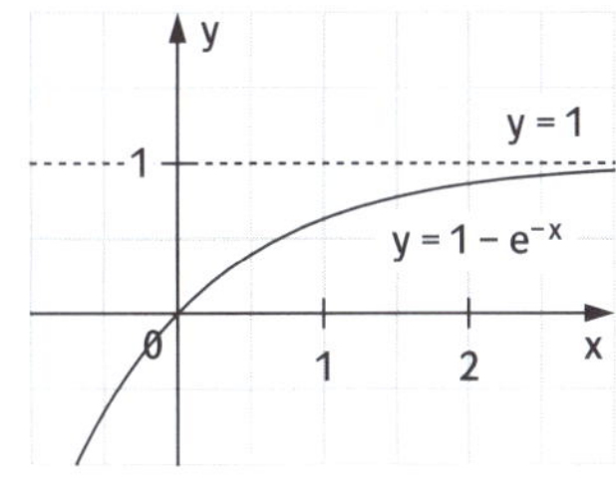

b) $$A = \int_0^{\ln(2)} (1 - 1 + e^{-x}) dx$$
$$= \int_0^{\ln(2)} e^{-x} dx$$
$$= [-e^{-x}]_0^{\ln(2)}$$
$$= -e^{-\ln(2)} + e^0$$
$$= -(e^{\ln(2)})^{-1} + 1$$
$$= -2^{-1} + 1$$
$$= 1 - \frac{1}{2} = \frac{1}{2}$$

5 a) $A(z) = \int_0^z e^{-0{,}25x+1}\,dx$

$= [-4 \cdot e^{-0{,}25x+1}]_0^z$

$= -4 \cdot e^{-0{,}25z+1} + 4 \cdot e$

$A(10) = -4 \cdot e^{-0{,}25 \cdot 10+1} + 4e$

$= -4 \cdot e^{-1{,}5} + 4e \approx 9{,}98$

b) $\lim\limits_{z \to +\infty} A(z) = \lim\limits_{z \to +\infty} (4e - 4e^{-0{,}25z+1}) = 4e$

6 a)

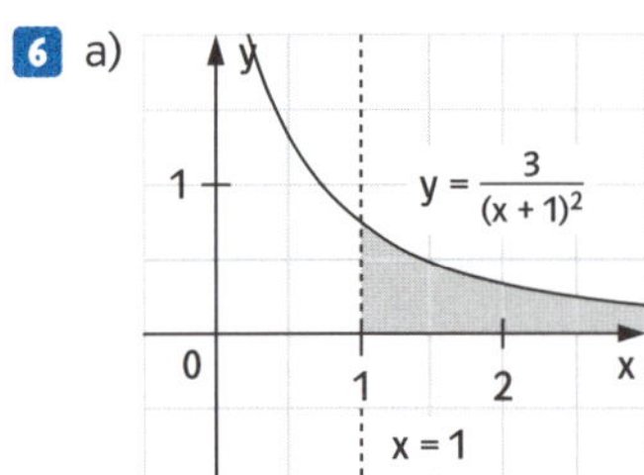

b) $A(z) = \int_1^z \frac{3}{(x+1)^2}\,dx$

$= \left[\frac{-3}{x+1}\right]_1^z$

$= \frac{-3}{z+1} + \frac{3}{2}$

$\lim\limits_{z \to +\infty} A(z) = \lim\limits_{z \to +\infty} \left(\frac{3}{2} - \frac{3}{z+1}\right) = \frac{3}{2}$

7 a)

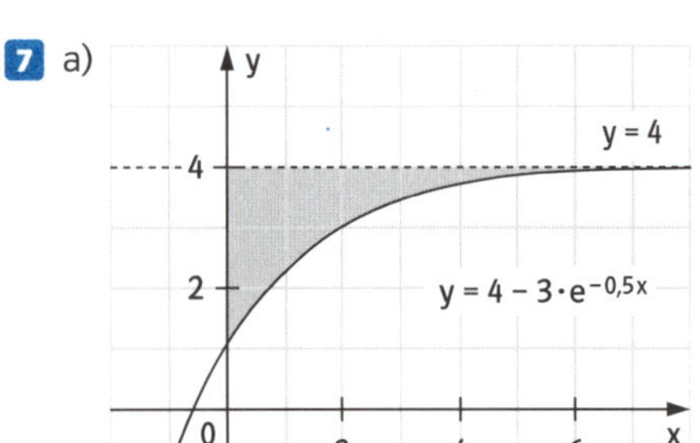

b) $A(z) = \int_0^z (4 - (4 - 3 \cdot e^{-0{,}5x}))\,dx$

$= \int_0^z 3 \cdot e^{-0{,}5x}\,dx$

$= [-6 \cdot e^{-0{,}5x}]_0^z$

$= -6 \cdot e^{-0{,}5z} + 6$

$\lim\limits_{z \to +\infty} A(z) = 6$

8 a)

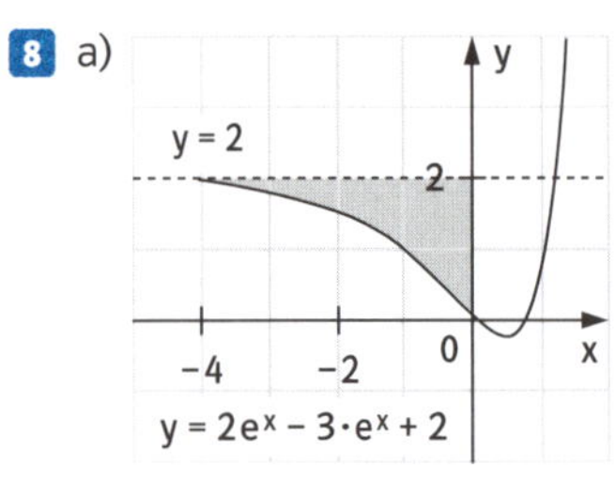

b) $A(z) = \int_z^0 (2 - (e^{2x} - 3 \cdot e^x + 2))\,dx$

$= \int_z^0 (-e^{2x} + 3 \cdot e^x)\,dx$

$= \left[-\frac{1}{2}e^{2x} + 3e^x\right]_z^0$

$= -\frac{1}{2} + 3 + \frac{1}{2}e^{2z} - 3e^z$

$= 2{,}5 + \frac{1}{2}e^{2z} - 3e^z$

$\lim\limits_{z \to -\infty} A(z) = 2{,}5$

9 a)

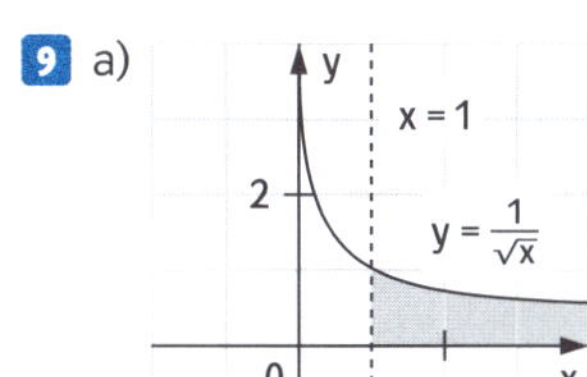

b) $A(z) = \int_1^z \frac{1}{\sqrt{x}}\,dx$

$= \int_1^z x^{-\frac{1}{2}}\,dx$

$= \left[2 \cdot x^{\frac{1}{2}}\right]_1^z$

$= \left[2\sqrt{x}\right]_1^z$

$= 2\sqrt{z} - 2$

Für $z \to +\infty$ strebt $A(z) \to +\infty$.
Die Fläche hat also keinen endlichen Inhalt.

3 Anwendungen der Integralrechnung

1 $f(3) = 5 + \int_1^3 2 \cdot e^{-0,2x} dx$

$= 5 + 2 \int_1^3 e^{-0,2x} dx$

$= 5 + 2 \cdot [-5 \cdot e^{-0,2x}]_1^3$

$= 5 + 2(-5 \cdot e^{-0,6} + 5 \cdot e^{-0,2})$

$= 5 - 10 \cdot e^{-0,6} + 10 \cdot e^{-0,2}$

$\approx 7,70$

2 $s(8) = \int_0^8 \left(-\frac{1}{4}t^3 + 3t^2\right) dt$

$= \left[-\frac{1}{16}t^4 + t^3\right]_0^8$

$= \left(-\frac{1}{16} \cdot 8^4 + 8^3\right) - 0$

$= 256$

Der nach 8 Sekunden zurückgelegte Weg beträgt 256 Meter.

3 $B(5) = 500 + \int_0^5 (100 - 10 \cdot e^{-0,35t}) dt$

$= 500 + \left[100t + \frac{1000}{35} \cdot e^{-0,35t}\right]_0^5$

$= 500 + 100 \cdot 5 + \frac{1000}{35} \cdot e^{-0,35 \cdot 5} - \frac{1000}{35}$

$\approx 976,4$

Die Population ist in den ersten 5 Jahren auf rund 976 Individuen angewachsen.

4 Momentane Durchflussgeschwindigkeit:

$d(t) = a \cdot t^2$; $20 = a \cdot 2^2$; $a = \frac{20}{4} = 5$; $d(t) = 5t^2$

$B(2) = 80 + \int_0^2 5t^2 dt$

$= 80 + \left[\frac{5}{3}t^3\right] 20$

$= 80 + \frac{5}{3} \cdot 2^3$

$= \frac{280}{3}$

$\approx 93,3$

Nach 2 Minuten sind rund 93 Liter Flüssigkeit in dem Behälter.

5 a) Graph: siehe Fig.

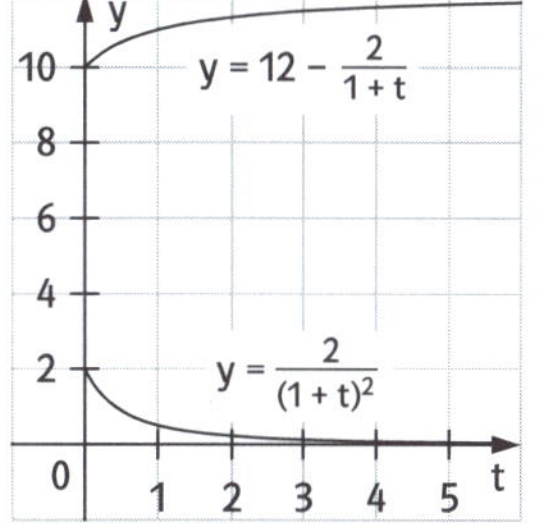

b) $B(t) = 10 + \int_0^t \frac{2}{(1+x)^2}\,dx$

$= 10 + \left[\frac{-2}{1+x}\right]_0^t$

$= 10 + \frac{-2}{1+t} + 2$

$= 12 - \frac{2}{1+t}$

Graph: siehe Fig.

c) Während die Wachstumsgeschwindigkeit monoton fällt, ist der Bestand monoton wachsend.

6 a) $\overline{m} = \frac{1}{8-0}\int_0^8 \frac{1}{4}x(8-x)\,dx$

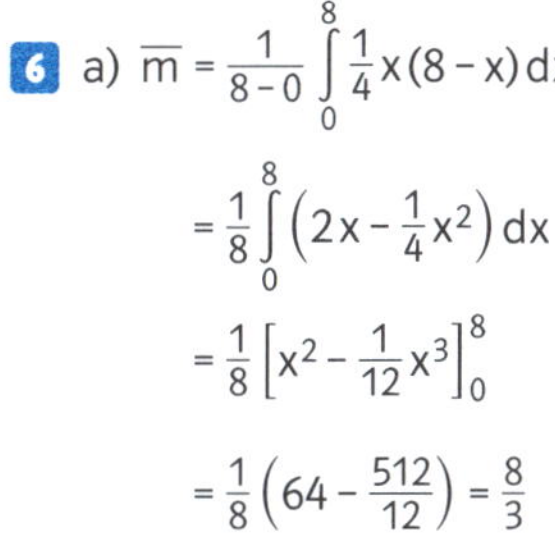

$= \frac{1}{8}\int_0^8 \left(2x - \frac{1}{4}x^2\right)dx$

$= \frac{1}{8}\left[x^2 - \frac{1}{12}x^3\right]_0^8$

$= \frac{1}{8}\left(64 - \frac{512}{12}\right) = \frac{8}{3}$

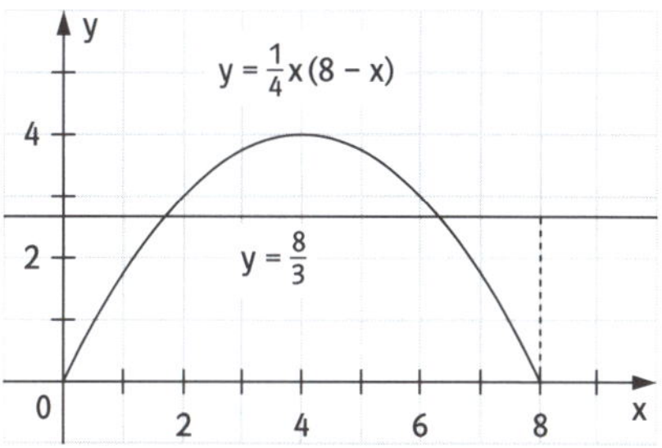

b) $\overline{m} = \frac{1}{1{,}5-0}\int_0^{1{,}5} (x^3 - x^2 + 1)\,dx$

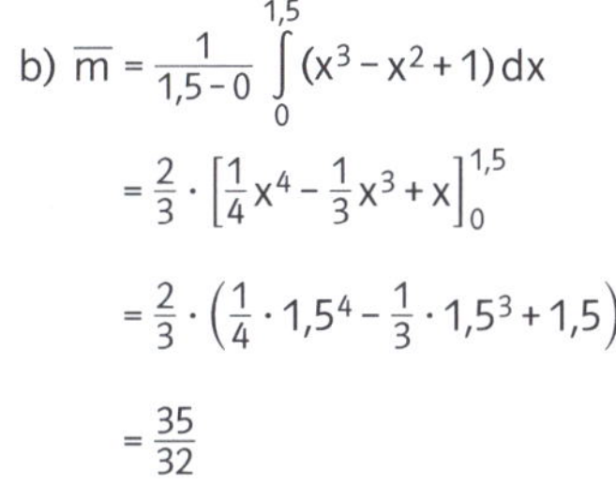

$= \frac{2}{3}\cdot\left[\frac{1}{4}x^4 - \frac{1}{3}x^3 + x\right]_0^{1{,}5}$

$= \frac{2}{3}\cdot\left(\frac{1}{4}\cdot 1{,}5^4 - \frac{1}{3}\cdot 1{,}5^3 + 1{,}5\right)$

$= \frac{35}{32}$

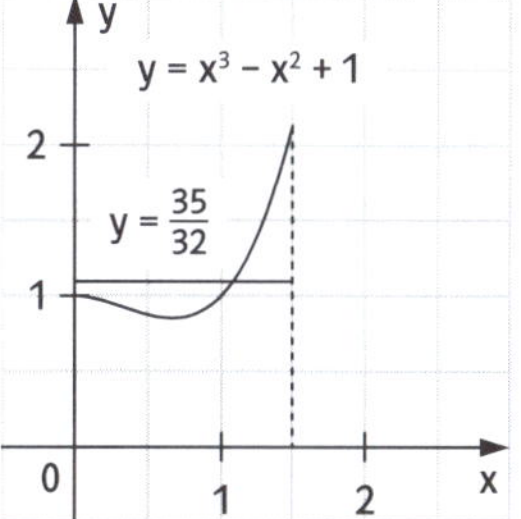

c) $\overline{m} = \frac{1}{\pi}\int_0^{\pi} \sin(x)\,dx$

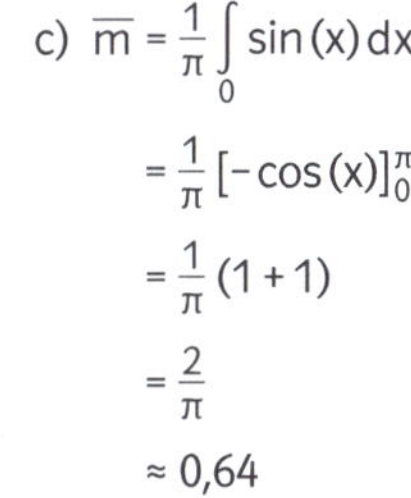

$= \frac{1}{\pi}\left[-\cos(x)\right]_0^{\pi}$

$= \frac{1}{\pi}(1+1)$

$= \frac{2}{\pi}$

$\approx 0{,}64$

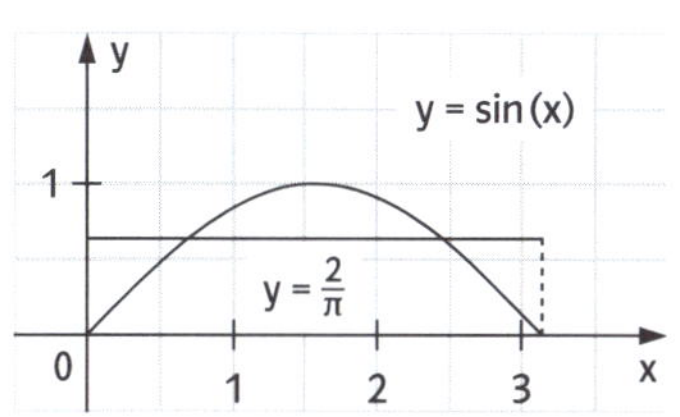

d) $\overline{m} = \frac{1}{5}\int_0^5 \frac{80}{(x+4)^2}\,dx$

$= \frac{1}{5}\left[\frac{-80}{x+4}\right]_0^5$

$= \frac{1}{5}\left(-\frac{80}{9} + \frac{80}{4}\right)$

$= \frac{20}{9}$

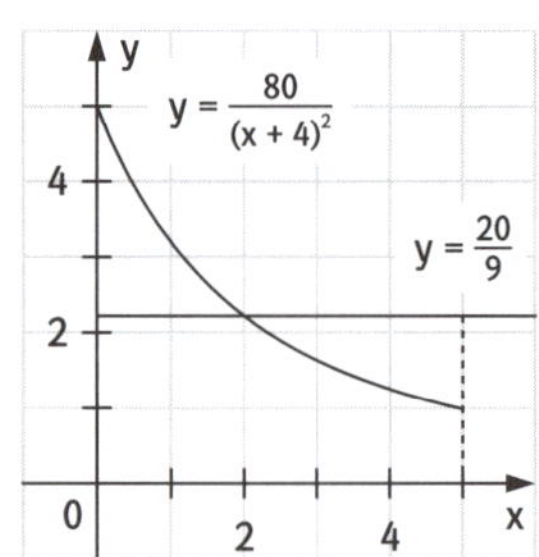

7 $\overline{m} = \frac{1}{6}\int_0^6 (4t^3 - 40t^2 + 100t + 50)\,dt$

$= \frac{1}{6}\left[t^4 - \frac{40}{3}t^3 + 50t^2 + 50t\right]_0^6$

$= \frac{1}{6}\left(6^4 - \frac{40}{3}\cdot 6^3 + 50\cdot 6^2 + 50\cdot 6\right)$

$= 86$

In den ersten 6 Stunden fließen durchschnittlich 86 m^3 Wasser pro Stunde in den See.

8 $\overline{m} = \frac{1}{10}\int_0^{10} (20 - 15\cdot e^{-0,1t})\,dt$

$= \frac{1}{10}\left[20t + 150\cdot e^{-0,1t}\right]_0^{10}$

$= \frac{1}{10}(20\cdot 10 + 150\cdot e^{-0,1\cdot 10} - 150)$

$= 5 + 15\cdot e^{-1}$

$\approx 10,52$

Die mittlere Länge der Forellenart in den ersten 10 Monaten beträgt 10,52 cm.

9 a) $F'(t) = -40\left(e^{-0,25\cdot t} + (t+4)\cdot e^{-0,25\cdot t}\cdot(-0,25)\right)$

$= -40\cdot e^{-0,25\cdot t}\left(1 - \frac{1}{4}t - 1\right)$

$= 10t\cdot e^{-0,25\cdot t}$

$= f(t)$

b) $\overline{m} = \frac{1}{15}\int_0^{15} 10t\cdot e^{-0,25\cdot t}\,dt$

$= \frac{1}{15}\left[-40\cdot e^{-0,25\cdot t}(t+4)\right]_0^{15}$

$= \frac{1}{15}(-40\cdot e^{-3,75}\cdot 19 + 40\cdot 1\cdot 4)$

$= -\frac{152}{3}\cdot e^{-3,75} + \frac{32}{3}$

$\approx 9,48$

Die mittlere Konzentration des Medikaments in den ersten 15 Stunden liegt bei 9,48 $\frac{mg}{l}$.

10 a) $\int_0^{8\pi} 3 \cdot \sin\left(\frac{1}{4}x\right) dx$

$= \left[3 \cdot 4 \cdot \left(-\cos\left(\frac{1}{4}x\right)\right)\right]_0^{8\pi}$

$= (12 \cdot (-\cos(2\pi))) - (12 \cdot (-\cos(0)))$

$= -12 + 12 = \mathbf{0}$

b) Nullstellen von f im Intervall $[0; 8\pi]$ sind: $N_1(0 \mid 0)$; $N_2(4\pi \mid 0)$ und $N_3(8\pi \mid 0)$.
Für den Flächeninhalt zwischen dem Graphen und der x-Achse gilt):

$A = 2 \cdot \int_0^{4\pi} 3 \cdot \sin\left(\frac{1}{4}x\right) dx$

$= 2 \cdot \left[3 \cdot 4 \cdot \left(-\cos\left(\frac{1}{4}x\right)\right)\right]_0^{4\pi}$

$= 2 \cdot [(12 \cdot (-\cos(\pi))) - (12 \cdot (-\cos(0)))]$

$= 2 \cdot (12 + 12) = \mathbf{48}$

c) Das Ergebnis aus a) entspricht der **Gesamtbilanz** von Wasserzu- und abfluss innerhalb etwa eines Tages: Zu- und Abfluss halten sich die Waage. Es gibt insgesamt weder einen Wasserüberschuss noch ein Wasserdefizit.

Das Ergebnis aus b) entspricht der **insgesamt transportierten Wassermenge** – unabhängig von deren Richtung. So wurden an etwa einem Tag insgesamt 48 000 m^3 Wasser bewegt.

11 1. Skizzieren Sie den Graphen von f. Markieren Sie die Grenzen und deuten Sie die Drehung an.

Achtung:
Die Funktion, deren Graph rotiert, steht immer in der Klammer! Hier handelt es sich also nicht um eine Parabel, die rotiert, sondern um eine Gerade.

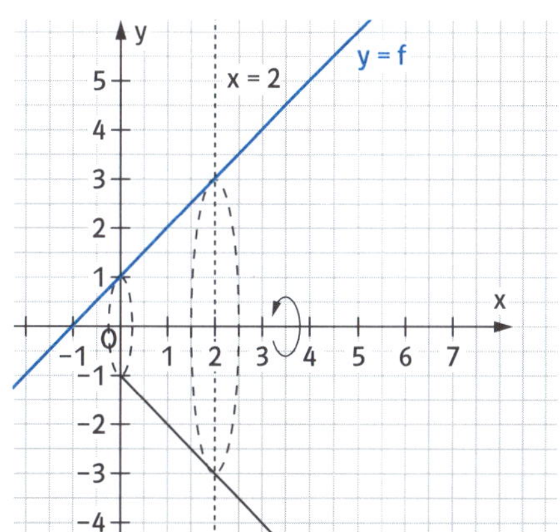

2. Beschreiben Sie den Körper.

Es entsteht ein Kegelstumpf.

Höhe des Kegelstumpfes:	2 LE
Radius der oberen Kreisfläche:	1 LE
Radius der unteren Kreisfläche:	3 LE

12 a) $V = \pi \int_0^4 \left(\frac{1}{4}x^2 + 2\right)^2 dx$

$= \pi \int_0^4 \left(\frac{1}{16}x^4 + x^2 + 4\right) dx$

$= \pi \left[\frac{1}{80}x^5 + \frac{1}{3}x^3 + 4x\right]_0^4$

$= \pi \left(\frac{1}{80} \cdot 4^5 + \frac{1}{3} \cdot 4^3 + 4 \cdot 4\right)$

$= \frac{752}{15}\pi$

$\approx 157{,}50$

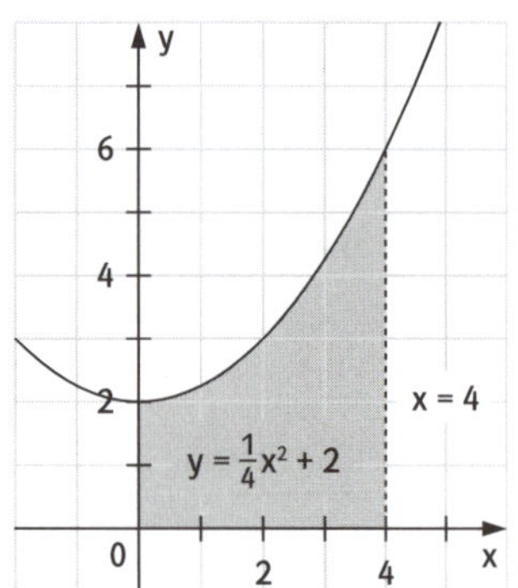

b) $V = \pi \int_1^5 (2\sqrt{x-1})^2 dx$

$= \pi \int_1^5 4(x-1) dx$

$= \pi \int_1^5 (4x-4) dx$

$= \pi [2x^2 - 4x]_1^5$

$= \pi(50 - 20 - 2 + 4) = 32\pi \approx 100{,}53$

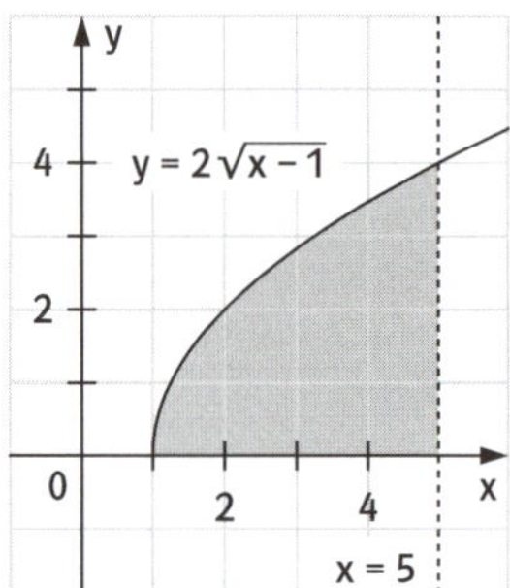

c) $V = \pi \int_0^4 (2 \cdot e^{0,25x})^2 dx$

$= \pi \int_0^4 4 \cdot e^{0,5x} dx$

$= 4\pi [2 \cdot e^{0,5x}]_0^4$

$= 4\pi (2e^2 - 2)$

$= 8\pi (e^2 - 1)$

$\approx 160{,}57$

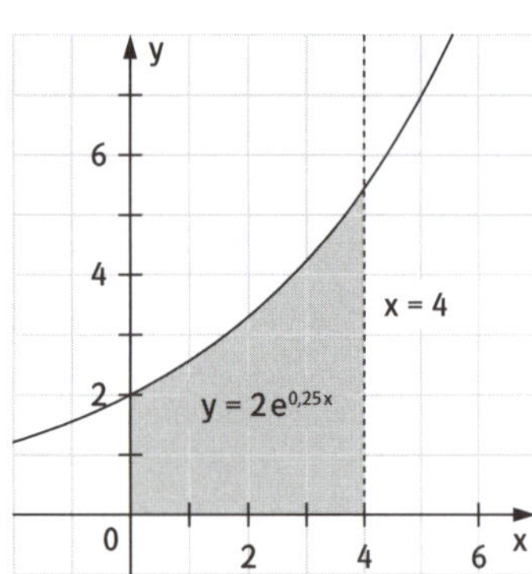

d) $V = \pi \int_0^\pi \left(3 \cdot \sqrt{\sin(x)}\right)^2 dx$

$= \pi \int_0^\pi 9 \cdot \sin(x) dx$

$= 9\pi [-\cos(x)]_0^\pi$

$= 9\pi(1 + 1)$

$= 18\pi$

$\approx 56{,}55$

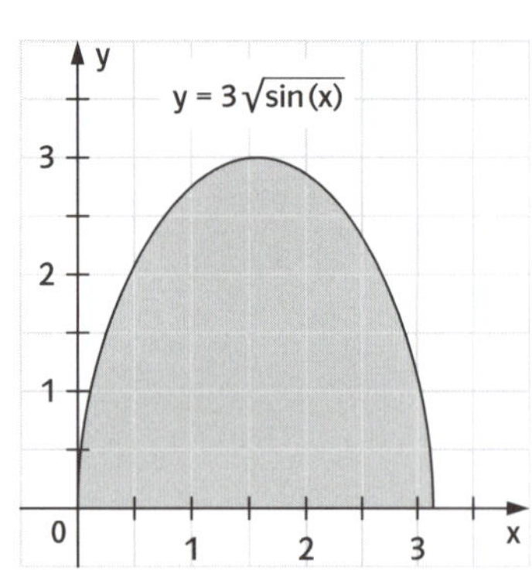

13 a) Nullstellen: $x_1 = -2$; $x_2 = +2$

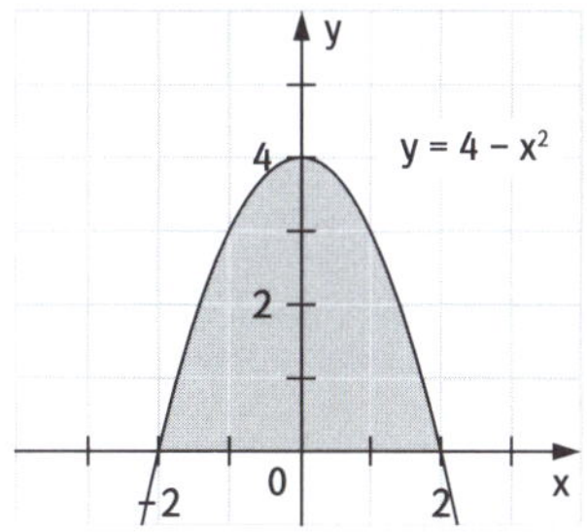

$$V = \pi \int_{-2}^{2} (4 - x^2)^2\,dx$$
$$= \pi \int_{-2}^{2} (16 - 8x^2 + x^4)\,dx$$
$$= \pi \left[16x - \frac{8}{3}x^3 + \frac{1}{5}x^5\right]_{-2}^{2}$$
$$= \pi \left(\frac{256}{15} + \frac{256}{15}\right)$$
$$= \frac{512}{15}\pi$$
$$\approx 107{,}23$$

b) Nullstellen: $x_1 = 0$; $x_2 = 4$

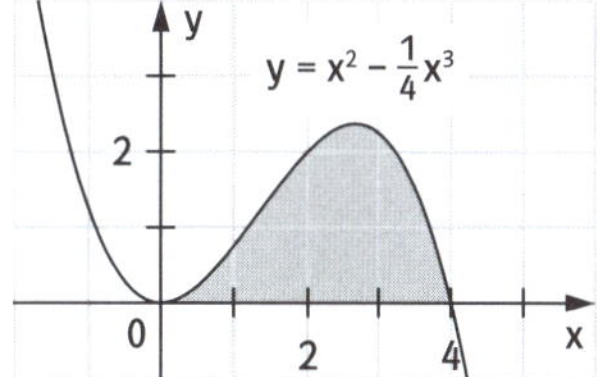

$$V = \pi \int_{0}^{4} \left(x^2 - \frac{1}{4}x^3\right)^2 dx$$
$$= \pi \int_{0}^{4} \left(x^4 - \frac{1}{2}x^5 + \frac{1}{16}x^6\right) dx$$
$$= \pi \left[\frac{1}{5}x^5 - \frac{1}{12}x^6 + \frac{1}{112}x^7\right]_{0}^{4}$$
$$= \pi \left(\frac{1024}{105} - 0\right)$$
$$= \frac{1024}{105}\pi$$
$$\approx 30{,}64$$

c) Nullstellen: $x_1 = 0$; $x_2 = 9$

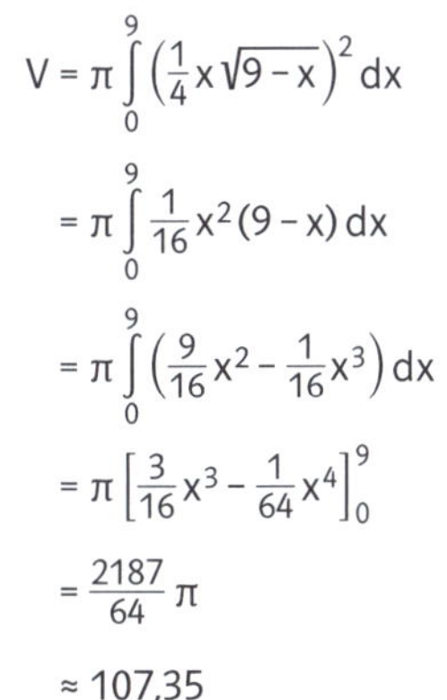

$$V = \pi \int_{0}^{9} \left(\frac{1}{4}x\sqrt{9 - x}\right)^2 dx$$
$$= \pi \int_{0}^{9} \frac{1}{16}x^2(9 - x)\,dx$$
$$= \pi \int_{0}^{9} \left(\frac{9}{16}x^2 - \frac{1}{16}x^3\right) dx$$
$$= \pi \left[\frac{3}{16}x^3 - \frac{1}{64}x^4\right]_{0}^{9}$$
$$= \frac{2187}{64}\pi$$
$$\approx 107{,}35$$

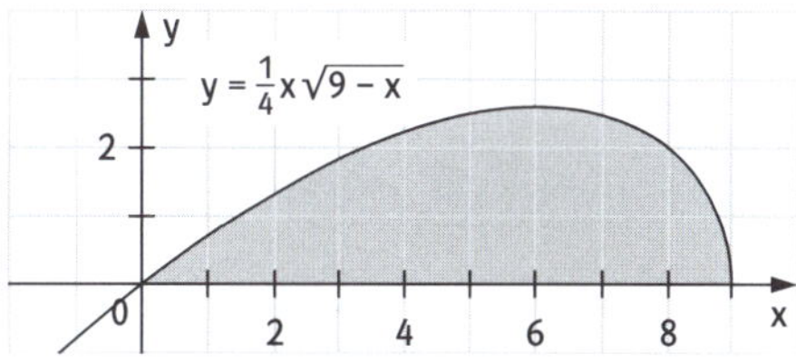

14 a) $V = \pi \int_0^2 (4\sqrt{x+1})^2\,dx - \pi \int_0^2 (x^2+1)^2\,dx$

$= \pi \int_0^2 16(x+1)\,dx - \pi \int_0^2 (x^4+2x^2+1)\,dx$

$= \pi[8x^2+16x]_0^2 - \pi\left[\frac{1}{5}x^5+\frac{2}{3}x^3+x\right]_0^2$

$= \pi \cdot 64 - \pi \cdot \frac{206}{15}$

$= \frac{754}{15}\pi$

$\approx 157{,}92$

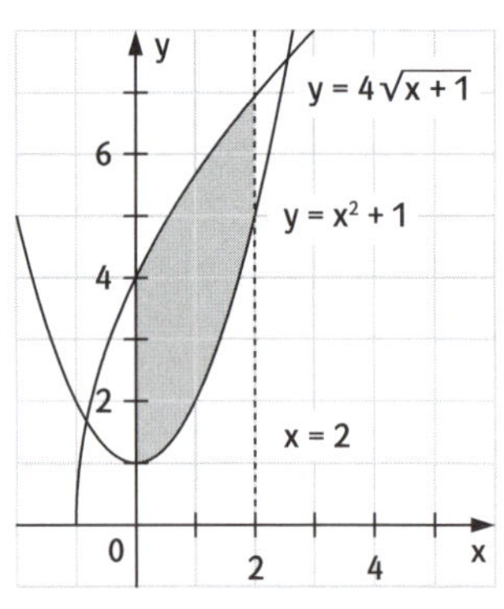

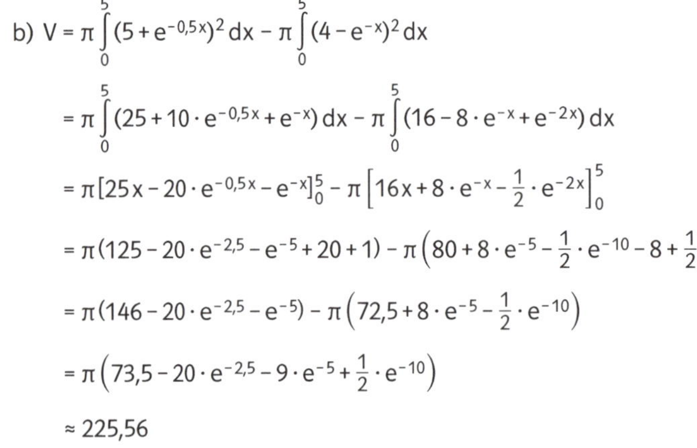

b) $V = \pi \int_0^5 (5+e^{-0{,}5x})^2\,dx - \pi \int_0^5 (4-e^{-x})^2\,dx$

$= \pi \int_0^5 (25+10\cdot e^{-0{,}5x}+e^{-x})\,dx - \pi \int_0^5 (16-8\cdot e^{-x}+e^{-2x})\,dx$

$= \pi[25x-20\cdot e^{-0{,}5x}-e^{-x}]_0^5 - \pi\left[16x+8\cdot e^{-x}-\frac{1}{2}\cdot e^{-2x}\right]_0^5$

$= \pi(125-20\cdot e^{-2{,}5}-e^{-5}+20+1) - \pi\left(80+8\cdot e^{-5}-\frac{1}{2}\cdot e^{-10}-8+\frac{1}{2}\right)$

$= \pi(146-20\cdot e^{-2{,}5}-e^{-5}) - \pi\left(72{,}5+8\cdot e^{-5}-\frac{1}{2}\cdot e^{-10}\right)$

$= \pi\left(73{,}5-20\cdot e^{-2{,}5}-9\cdot e^{-5}+\frac{1}{2}\cdot e^{-10}\right)$

$\approx 225{,}56$

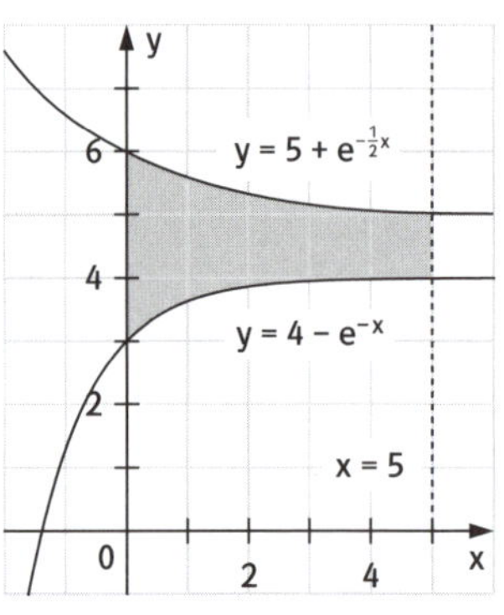

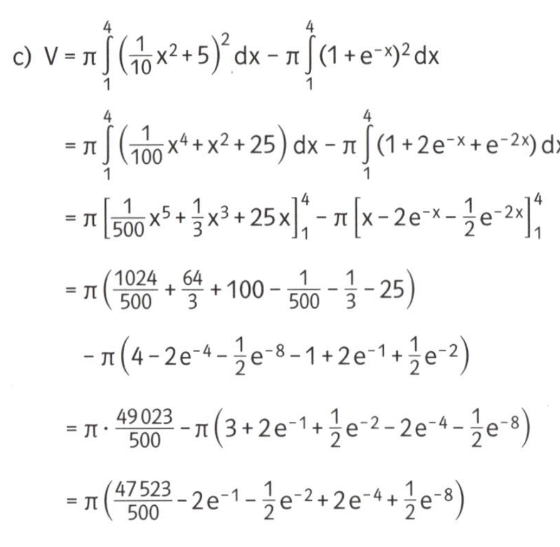

c) $V = \pi \int_1^4 \left(\frac{1}{10}x^2+5\right)^2 dx - \pi \int_1^4 (1+e^{-x})^2\,dx$

$= \pi \int_1^4 \left(\frac{1}{100}x^4+x^2+25\right) dx - \pi \int_1^4 (1+2e^{-x}+e^{-2x})\,dx$

$= \pi\left[\frac{1}{500}x^5+\frac{1}{3}x^3+25x\right]_1^4 - \pi\left[x-2e^{-x}-\frac{1}{2}e^{-2x}\right]_1^4$

$= \pi\left(\frac{1024}{500}+\frac{64}{3}+100-\frac{1}{500}-\frac{1}{3}-25\right)$

$- \pi\left(4-2e^{-4}-\frac{1}{2}e^{-8}-1+2e^{-1}+\frac{1}{2}e^{-2}\right)$

$= \pi \cdot \frac{49\,023}{500} - \pi\left(3+2e^{-1}+\frac{1}{2}e^{-2}-2e^{-4}-\frac{1}{2}e^{-8}\right)$

$= \pi\left(\frac{47\,523}{500}-2e^{-1}-\frac{1}{2}e^{-2}+2e^{-4}+\frac{1}{2}e^{-8}\right)$

$\approx 296{,}19$

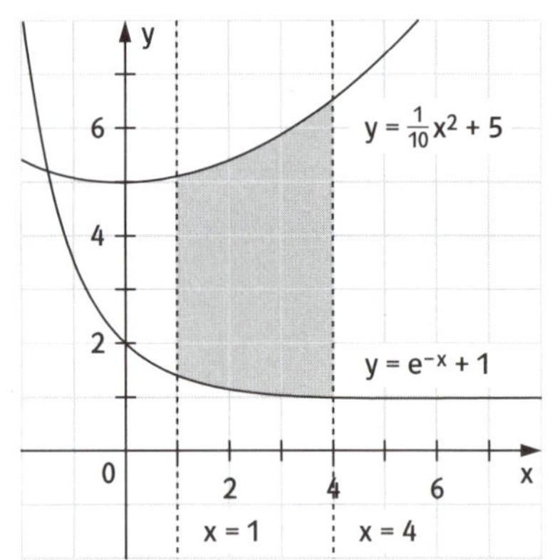

15 $V = \pi \cdot \int_0^6 (f(x))^2\,dx = \pi \cdot \int_0^6 \left(\frac{1}{2}\sqrt{2(x^2+1)}\right)^2 dx$

$= \pi \cdot \int_0^6 \left(\frac{1}{2}x^2 + \frac{1}{2}\right) dx = \pi \cdot \left[\frac{1}{6}x^3 + \frac{1}{2}x\right]_0^6 = \pi \cdot (36+3) = 39\pi$

Das Volumen des entstehenden Rotationskörpers beträgt **39 π**.

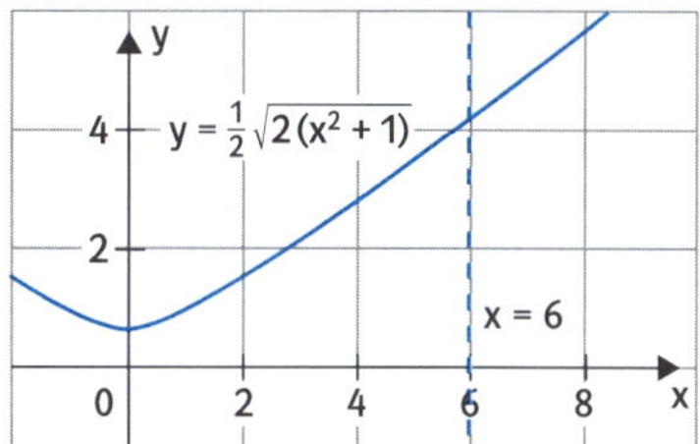

16 a) $F(x) = -\frac{1}{12}(2-4x)^4 + c$

b) $F(x) = 4 \cdot e^{3x} \cdot \frac{1}{3} - 2 \cdot e^{-2x} \cdot \left(-\frac{1}{2}\right) + c$

$= \frac{4}{3}e^{3x} + e^{-2x} + c$

c) $F(x) = 3 \cdot \ln|x-2| + c$

17 a) Die Zufallsgröße kann als stetig aufgefasst werden, da die Länge nicht nur aus ganzzahligen Werten besteht.
b) Diese Zufallsgröße ist diskret, da Anzahlen nur ganzzahlig sein können.
c) Die Zufallsgröße kann als stetig aufgefasst werden, da das Gewicht nicht nur aus ganzzahligen Werten besteht.

18 a)

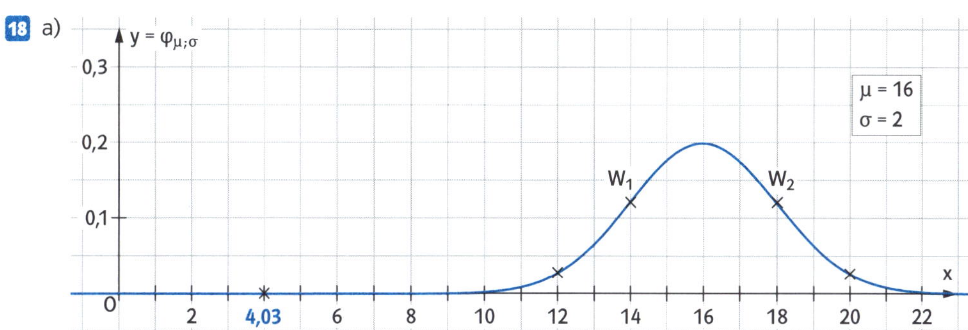

b)

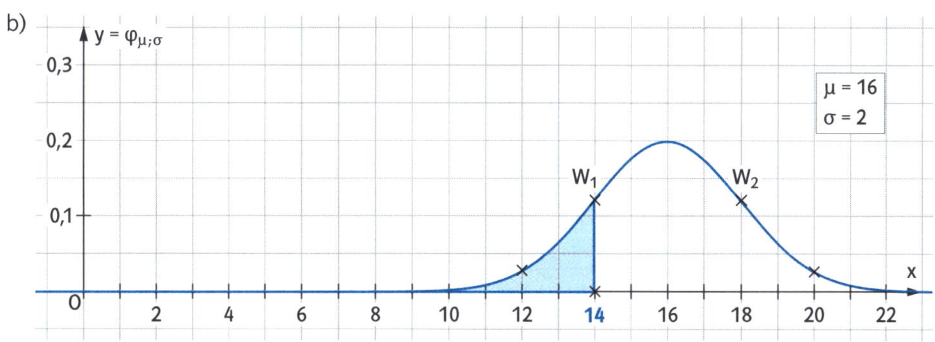

$P(X \leq 14) \approx 1{,}5$

19 a) $\mu = 6;\ \sigma = 2$ b) $P(X = 3) = 0$ c) $P(4 \leq X \leq 9) \approx 0{,}7$

Autoren

Heike Homrighausen
Kapitel 1: Tipp S. 4, 5, 10 - 14, 15, 16, 20, 21; Aufgaben 1 - 7, 18 - 22, 26 - 27
Kapitel 2: Tipp S. 22 - 25; Aufgabe 2
Kapitel 3: Tipp S. 28 - 39; Aufgaben 16 - 19

Maximilian Selinka/Jörg Stark
Kapitel 1: Tipp S. 18; Aufgaben 8 - 17, 23 - 25
Kapitel 2: Tipp S. 26; Aufgaben 1, 3 - 9
Kapitel 3: Aufgaben 1 - 15

Bibliografische Information der Deutschen Nationalbibliothek
Die Deutsche Nationalbibliothek verzeichnet diese Publikation in der Deutschen Nationalbibliografie; detaillierte bibliografische Daten sind im Internet über http://dnb.dnb.de abrufbar.

1. Auflage 2021

www.klett-lerntraining.de; kundenservice@klett-lerntraining.de

Umschlaggestaltung: Anne Lahnert, Stuttgart
Satz und grafische Zeichnungen: DTP-studio Andrea Eckhardt, Göppingen
Druck: Plump Druck & Medien GmbH, Rheinbreitbach
Printed in Germany
ISBN 978-3-12-949688-6